任务引领课程改革系列教材

Flash CS5 动漫设计

Flash CS5 Dongman Sheji

（第 2 版）

主　编　王　涛　赵瑞建

副主编　徐晓娟　夏春芳

高等教育出版社·北京

HIGHER EDUCATION PRESS　BEIJING

内容提要

本书按照“以服务为宗旨，以就业为导向”的指导思想，采用“行动导向，任务驱动”的方法，通过由浅入深的实例详细讲解动画制作过程，有的放矢、循序渐进地介绍了 Flash CS5 动画制作的相关知识与技巧。本书在第 1 版的基础上修订而成，主要进行了软件升级和案例更新。

本书包括 9 个项目：初识动画、美丽家园、节日贺卡、请珍惜每一滴水、蜻蜓寻荷、八戒照镜子、Flash MV——月亮之上、偷吃桃子的小猴、交互式网页。

本书注重激发读者的学习兴趣，内容精练，编排合理，便于理解。对动画制作过程中的知识点及注意事项进行了系统、清晰的分析与整理，大大提高了读者学习动画制作的效率。

本书配套网络教学资源，按照本书最后一页“郑重声明”下方的“学习卡账号使用说明”，登录中等职业教育教学在线网站（http://sve.hep.com.cn）可以进行网上学习并下载相关教学资源。

本书可作为中等职业学校计算机及相关专业教材，也可作为培训教材和计算机爱好者的参考书。

图书在版编目（CIP）数据

Flash CS5 动漫设计 / 王涛，赵瑞建主编. --2 版. --北京：高等教育出版社，2012.5
ISBN 978-7-04-035071-5

Ⅰ. ①F… Ⅱ. ①王… ②赵… Ⅲ. ①动画制作软件，Flash-中等专业学校-教材 Ⅳ. ①TP391.41

中国版本图书馆 CIP 数据核字（2012）第 052168 号

策划编辑 赵美琪　　责任编辑 李葛平　　封面设计 赵 阳　　版式设计 王艳红
责任校对 陈旭颖　　责任印制 尤 静

出版发行	高等教育出版社	咨询电话	400-810-0598
社　　址	北京市西城区德外大街 4 号	网　　址	http://www.hep.edu.cn
邮政编码	100120		http://www.hep.com.cn
印　　刷	北京凌奇印刷有限责任公司	网上订购	http://www.landraco.com
开　　本	787mm × 1092mm 1/16		http://www.landraco.com.cn
印　　张	11.75	版　　次	2008 年 6 月第 1 版
字　　数	280 千字		2012 年 5 月第 2 版
插　　页	1	印　　次	2012 年 5 月第 1 次印刷
购书热线	010-58581118	定　　价	21.00 元

物 料 号 35071-00

前　言

在当今日新月异的网络时代，Flash 不仅在网页制作、多媒体演示、手机、电视等领域得到广泛的应用，而且已经成为一种动画制作手段。2010 年 4 月，Adobe 公司发布了 Flash 的最新版本 Flash CS5，将动画设计、用户界面、手机应用设计以及 HTML 代码整合功能提升到前所未有的高度，提高了用户制作动画的效率。

本书是《Flash 8.0 动漫设计》的第 2 版，主要根据新大纲、相关行业标准、软件新增功能以及原书在实际使用过程中发现的若干问题来修订，更新了原有知识，增加了最新技术，更加突出了技能型人才培养的思路，以适应当前职业教学的需求。

本书共分 9 个项目，每个项目都由“项目概述”、“项目构思”、“项目实施”三大部分构成。项目一～项目三为动画设计基础篇，通过三个简单项目案例的制作，主要介绍动画基础知识和 Flash 创作动画的基本方法，其中包括 Flash CS5 动画基础，图形的绘制与编辑，设置对象的颜色，创建与编辑 Flash 文本，编辑与操作对象，元件、实例和库资源，导入外部元素，使用时间轴制作基础动画，以及测试与发布影片等内容；项目四～项目九为动画创作流程篇，通过 6 个精美实例，详细介绍了一部 Flash 动画片从剧本创作开始，到角色造型与背景设计、分镜头设计、原画设计与运动规律、Flash 动画（逐帧、补间、骨骼和 3D 动画）创作、声音与后期制作等各个环节的相关知识，使读者能够较为全面地掌握 Flash 动画创作流程中各个环节的创作要领。这 6 个项目包括了不同动画主题和类型的典型案例，涉及 Flash 手机动画、Flash 公益广告、Flash MV、Flash 动画短片等各种极具代表性的领域，使读者在实践中累积专业功力，达到独立完成 Flash 动画制作项目的目的。本书学习流程联系紧密，环环相扣，一气呵成，使读者在掌握 Flash 动画创作技巧的同时，享受学习乐趣。

本书融入了作者丰富的动画设计经验和教学心得，内容全面，结构合理，讲解翔实，全书采用由易到难、深入浅出的讲解方式，非常符合读者的学习心理。本书在编写过程中突破了传统的教学模式，着重体现以项目实训为课程导向，采用情景教学、全程图解的方式,使读者在“学中做”，在“做中学”，轻松掌握 Flash CS5 的操作技能与技巧。每个项目结束都给出拓展项目任务，让读者更进一步巩固所学知识。

本教材还配套网络教学资源，按照本书最后一页“郑重声明”下方的“学习卡账号使用说明”，登录中等职业教育教学在线网站（http://sve.hep.com.cn）可以进行网上学习并下载配套的电子教材、演示文稿等相关教学资源。

本次修订工作由多年从事计算机职业教育、具有丰富教育教学经验的教师共同完成，主编为河北省石家庄市工业职业技术学校的王涛、赵瑞建。副主编为徐晓娟、夏春芳。唐山古冶职教中心的陈欣、唐山市建筑工程中等专业学校的孟珅也参与了本书的修订工作。其中王涛编写了项目一、项目二、项目六、项目七，徐晓娟、陈欣、孟珅共同编写了项目三、项目八，夏春芳编写了项目四、项目五、项目九。本书的部分插图原形由王瑾老师绘制。在后期审核中，得到高月茹、高丽华、吕振凤、曹志敏、王燕、赵丽芳老师的大力支持。

由于编者水平有限，书中难免存在疏漏与不妥之处，恳请广大读者批评指正，联系邮箱：zz_dzyj@pub.hep.cn。

编　者

2012 年 3 月

第1版前言

本书针对动画制作软件Flash 8.0，从动画创作的实际出发，把基础知识与基本技能相结合，本书按照“以服务为宗旨，以就业为导向”的指导思想，采用“行动导向，任务驱动”的方法，将知识点穿插在动画实例制作的过程中，介绍动画创作的基本流程与技巧。

全书分为 8 个单元，讲解 Flash 动画制作的基本技术。每个单元都以精心设计的案例为主线，将多个相关的知识点有机地组织起来进行讲解。通过一个个生动有趣的动画实例，介绍动画制作的基本方法、技巧和注意事项。内容包括：我的第一个动画、美丽家园、生日贺卡、动态日记、快乐的小鱼、八戒照镜子、Flash MV——月亮之上和交互式网页。第 7、8 单元是对前面所学知识的综合运用，并加入了 ActionScript 的简单应用。

本书每个单元又细分为几个小任务，每个任务由“任务描述”、“自己动手”和“举一反三”三个模块组成。其中“任务描述”是对任务所要达到的效果进行分析，对完成本任务后应该掌握的知识加以描述；“自己动手”采用图文并茂的方法，详细介绍完成任务所需要的详细操作步骤，并通过穿插“小知识”、“提个醒”和“试一试”模块，对动画制作过程中的知识点及注意事项进行了系统的分析与归纳，极大地减少了读者学习动画制作过程中在理解和应用方面的困难；“举一反三”是针对本任务的知识点设计的相关实例制作，可用于课上或课下的上机练习。通过举一反三的练习，能达到巩固、提高所学知识的目的。

本书在编写时注重激发读者的学习兴趣，力求在知识结构编排上体现循序渐进、重点突出、难点分散、便于掌握的原则；在语言叙述上注重概念清晰、逻辑性强、通俗易懂、便于理解。为了方便读者学习掌握，本书提供与书中实例制作配套的网络资源，其中包含本书所有教材实例及各单元学习所需素材。另外，为了便于教师制作课件，本书中所有插图的彩色原图都已放入网络资源中。

本书采用出版物短信防伪系统，同时配套学习卡资源。用封底下方的防伪码，按照本书最后一页“郑重声明”下方的使用说明进行操作，可进入“中等职业教育教学在线(http://sve.hep.com.cn 或 http://sve.hep.edu.cn)”网络教学平台，获得上述教学资源。

本书由多年从事计算机职业教育、有丰富教育教学经验的教师分工编写而成，主编为赵瑞建、李芳，副主编为王涛、王卫华。在本书的编写过程中，得到了河北省职业技术研究所张志增所长和其他领导的关心与支持。本书的部分插图原形由王瑾老师绘制。在后期审核中，得到了高月茹、高丽华、吕振凤、曹志敏、王燕、贾立敏、王亚丽、钱江琳老师的大力支持。北京师范大学的余胜泉老师对本书进行了认真的审阅，并提出了宝贵意见，在此表示感谢。

由于编写时间仓促，本书不可避免地会存在不足之处，甚至由于学识水平有限，虽竭智尽力，仍难免有误，敬请教育界同仁和广大读者予以批评指正。

编　者

2008年2月

目　　录

项 目 一

初识动画

项目概述

动画在我们看来之所以会有动的效果，是由于人的眼睛具有“视觉暂留”的功能，当按照一定的速度播放连续的影像时，如果前后两个画面之间的间隔不超过 0.1s（秒），前一个画面尚未在视觉中消失，后一个画面就已经产生，就会形成“连贯动作”的动画效果。

Flash 中制作动画的方法有很多种，逐帧动画就是制作动画的基本方法之一，也是制作动画必须掌握的基本方法。在本项目中，我们将通过学习 Flash 中最基本的动画制作方法——逐帧动画来理解 Flash 动画是如何产生的。

项目构思

利用绘图工具制作逐帧动画和利用导入外部素材图片制作逐帧动画，是 Flash 中制作逐帧动画的两种基本方法。在本项目中设计了两个实例，分别利用这两种方法来完成逐帧动画的制作。教师在项目制作开始之前，可让学生先观看教师制作或是网上收集的一些逐帧动画的精彩实例，引起学生兴趣，在此基础之上给出项目任务，让学生明确学习任务，带着任务去学习。

项目实施

此项目由古韵——折扇和骏马奔驰两个任务构成。

任务一　古韵——折扇

一、任务描述

在舞台中心有一柄扇子缓缓展开，最后在扇子上方显示“古韵”两字，如图 1-1 所示。本例是一个典型的逐帧动画，在制作过程中还使用了矩形工具、选择工具、文本工具等。在学习时，不仅要掌握基本绘图工具的使用方法，还应理解 Flash 动画的产生原理。

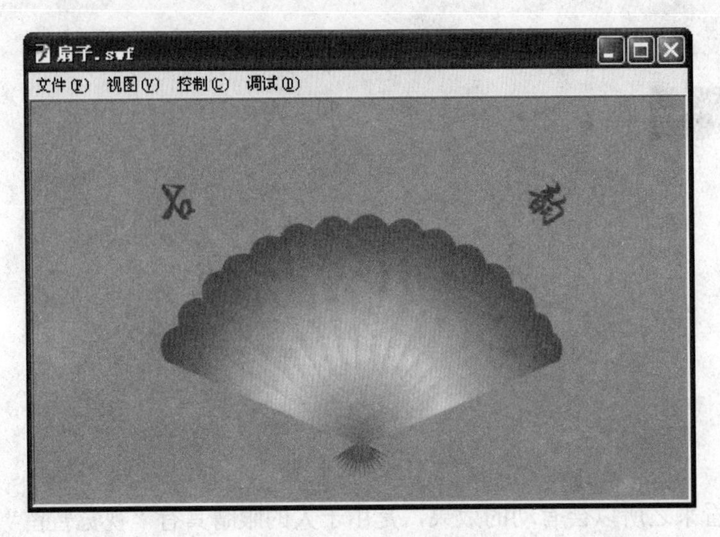

图 1-1　折扇效果图

二、自己动手

1. 创建影片文档

首先启动 Flash 程序，在出现如图 1-2 所示的启动画面后，选择“新建”中的“ActionScript 3.0”项，系统会自动创建名为“未命名-1.fla”的 Flash 文档，并进入如图 1-3 所示的工作界面。

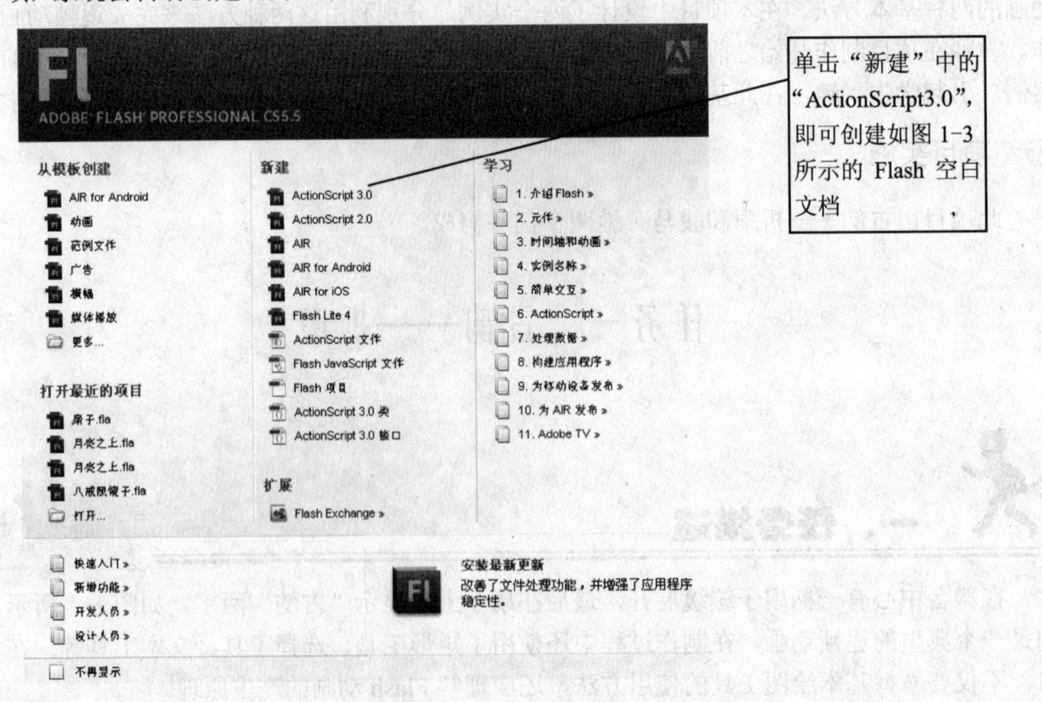

图 1-2　Flash 启动画面

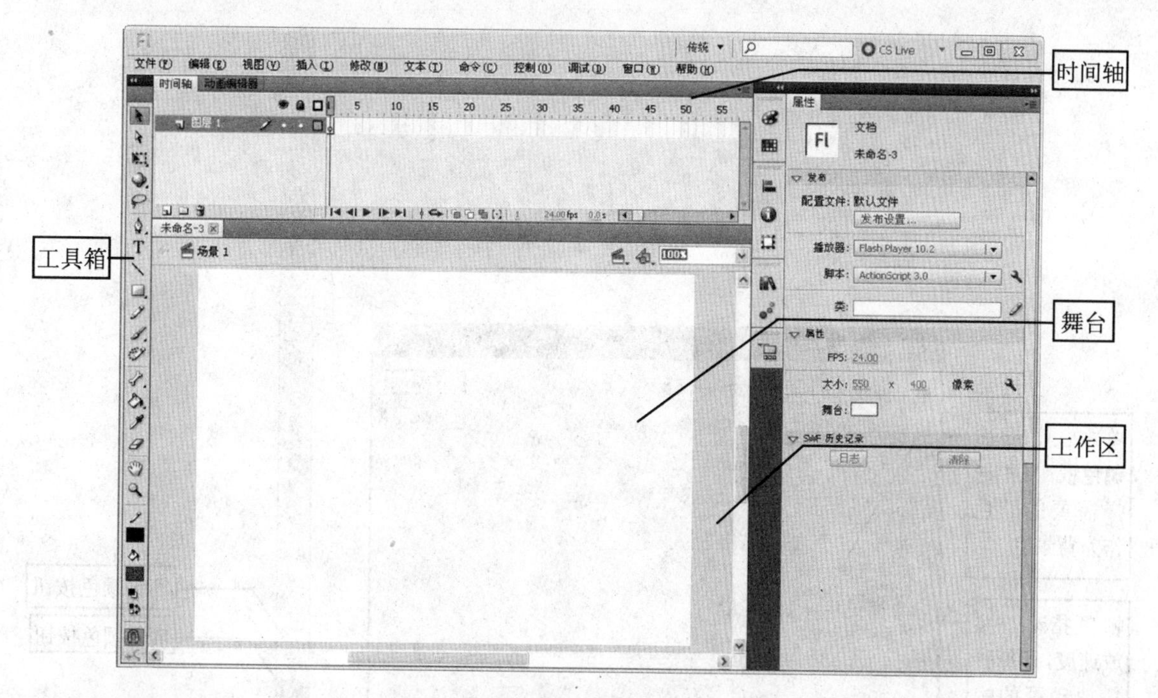

图 1-3　Flash 的工作界面

小知识

工具箱：工具箱位于界面的左侧，由“工具”、“查看”、“颜色”和“选项”四部分组成，用来完成选择、绘图、编辑、填充颜色等操作。选择工具箱中的“手形工具”，在舞台上拖动鼠标可平移舞台；选择“缩放工具”，在舞台上单击可放大或缩小舞台的显示。

时间轴：时间轴用来把动画内容按照时间和空间的顺序进行排列，并控制动画的播放和角色的出场顺序，是实现动画的主要功能区。

舞台：中间的白色区域为舞台，它是“角色表演”的地方，也是动画发布之后的最终可视区域。

工作区：舞台周围浅灰色区域为工作区。工作区是放置备用元素的区域，位于该区域的内容不会出现在发布后的动画中。

2．设置文档属性

在开始创作之前，首先需要设置文档的属性，包括舞台的尺寸、帧频、背景色等。

执行“修改”→“文档”命令，打开“文档设置”对话框。在“尺寸”栏内设置宽为“500 像素”，高为“400 像素”。背景色设为浅蓝，其他参数使用默认值即可，如图 1-4 所示。

3．绘制扇片

我们先来绘制一块扇片的形状。单击工具箱的“矩形工具”，然后在“颜色”选项内设置其笔触颜色为无，填充色为放射状渐变。设置好后的颜色选项栏如图 1-5 所示。

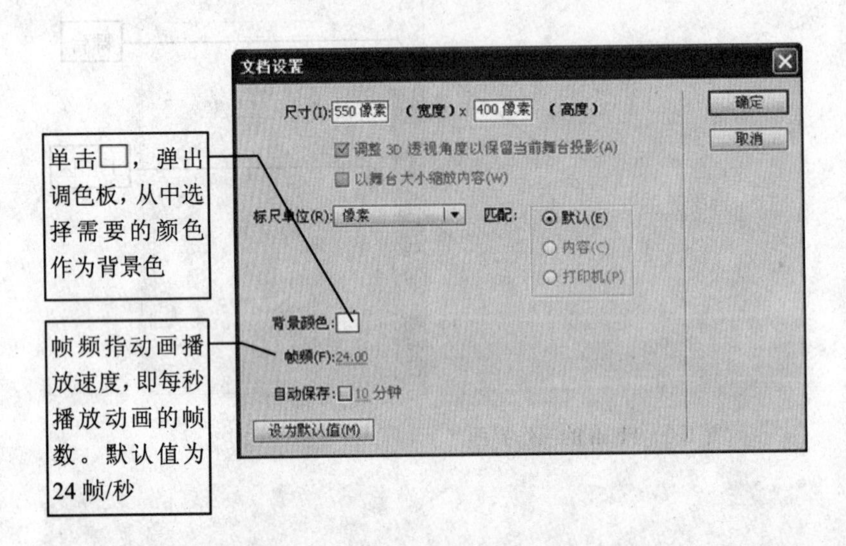

图 1-4 “文档设置”对话框

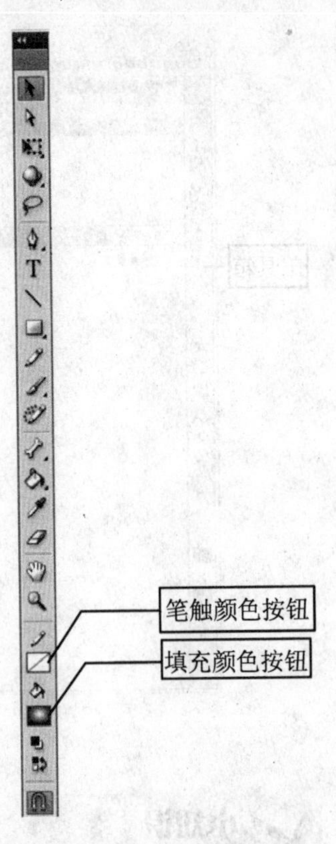

图 1-5　工具箱

提个醒

单击“颜色”选项栏内的笔触颜色按钮，会弹出一个调色板，如图 1-6 所示。同时光标变成滴管状。用滴管直接拾取颜色或者在文本框里直接输入颜色的十六进制数值，如#00ffcc。单击右上角的可将笔触颜色设为无。最下面一行为渐变色。第一行为线性渐变，第 2～5 行为放射状渐变。

同样，单击填充颜色按钮，也会弹出调色板，用来设置填充颜色。使用方法同上。

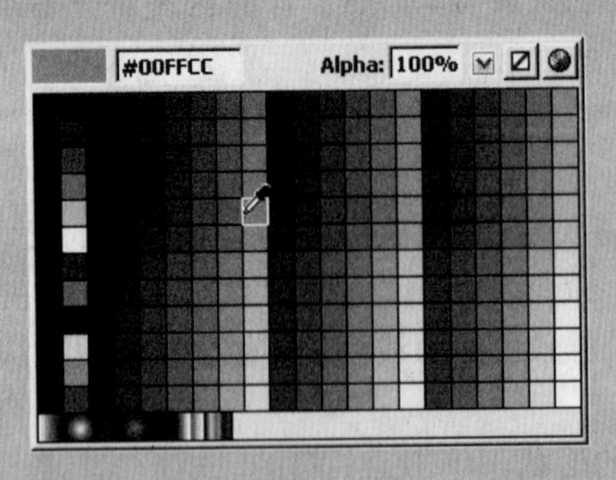

图 1-6　调色板

Flash 默认的渐变是由白到黑的渐变，需要打开“颜色”面板对放射状渐变进行调整。执行“窗口”→“颜色”命令或按快捷键 Alt+Shift+F9 打开“颜色”面板，会看到一个由白到黑的渐变色带，色带下面的颜色滑块称为色标。双击色标上的小三角，可弹出调色板，将左侧色标设为浅紫色，右侧色标设为深紫色，如图 1-7 所示。按住鼠标拖动，在舞台中心位置绘制一个长条状矩形。

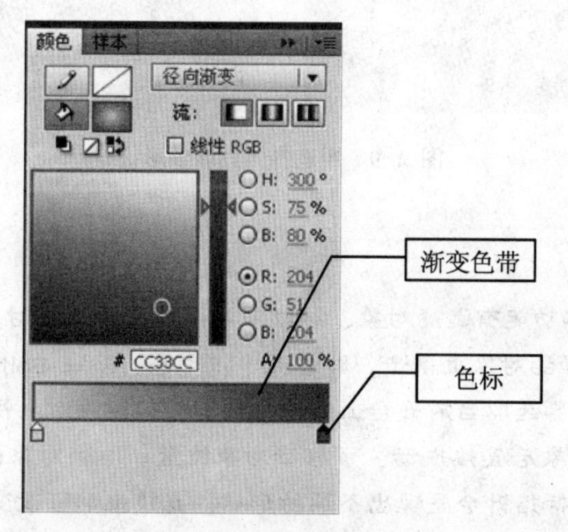

图 1-7　“颜色”面板

小知识

渐变色填充使用的颜色，最少是两种，最多可以是 15 种。在色带下方单击可增加一个色标。把色标拖离色带可删除一个色标。左右移动各色标可以调整渐变色的位置。

接下来我们要对矩形进行加工，使它看起来更像扇片。单击“选择工具”，在确定矩形没有选中的状态下，将鼠标移至矩形的上边线，当鼠标右下角出现一小段圆弧时，按住左键向上拖动，会在矩形顶端产生弧状，如图 1-8 所示。

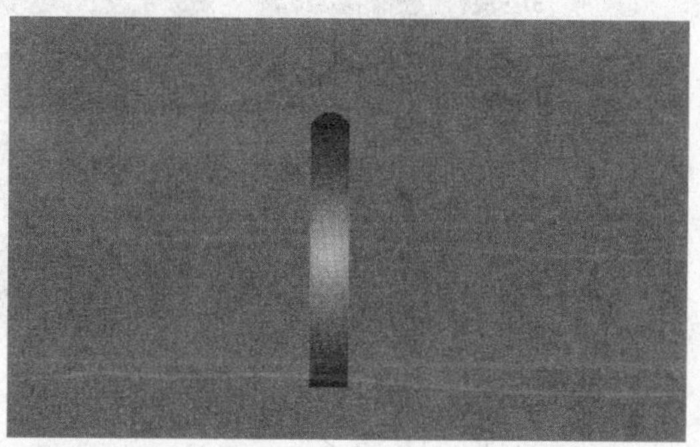

图 1-8　用选择工具调整形状

同样，在矩形没有选中的状态下，将鼠标移至矩形右下角，当鼠标旁边出现垂直线时，直接向左侧拖动，使其变尖，如图 1-9 所示。

图 1-9　用选择工具调整形状

小知识

选择工具的主要功能有选择对象、移动对象的位置、改变对象的形状等。单击“选择工具”，然后在要选择的对象上单击，即可选中该对象。按住 Shift 键不放，依次单击，可选中多个对象。如果要选取当前舞台上的全部内容，按键盘上的快捷键 Ctrl+A，就可以将其全部选中。选中对象后直接拖动，可移动对象位置。取消对象的选中状态，把鼠标移至对象的边线或角，鼠标指针会呈现出不同的形状，直接拖动可改变对象的形状。

4．调整素材

一块扇形画好了，我们要把它向左倾斜并放到舞台的中心位置作为扇子的初始形状。为了方便对齐，可以使用辅助线来帮助定位。使用辅助线的前提要打开标尺，执行“视图”→“标尺”命令显示标尺。从上面或左侧的标尺上按住鼠标拖动，可拖出辅助线。在本例中需要拉出一条垂直的辅助线。把该辅助线定位在舞台中心位置，如图 1-10 所示。

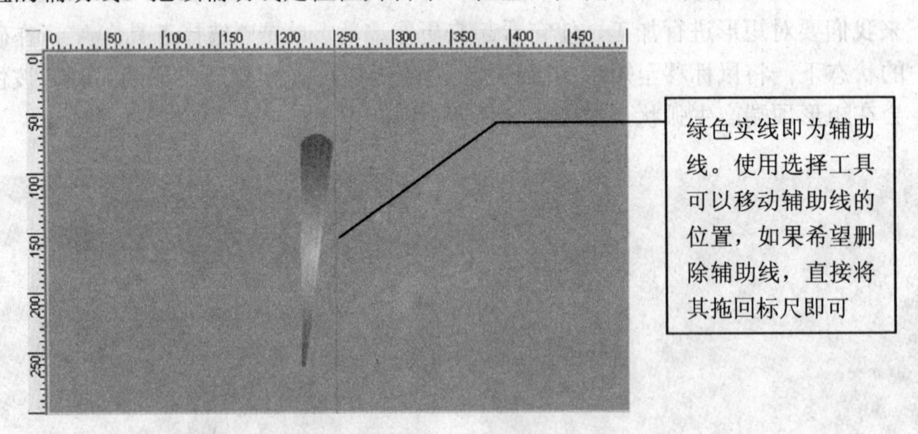

图 1-10　定位辅助线

选择“任意变形工具”，在扇片上单击，可以看到在扇片周围出现 8 个控制点（本书将这 8 个控制点叫做方向句柄），将鼠标指向某一个句柄拖动，可实现对象的缩放。中间的白色小圆点，为中心点。当进行旋转操作时，将以中心点为轴进行旋转。将鼠标指向右上角的句柄，当鼠标变为状时拖动，使其向左旋转一定角度。然后将其拖放至舞台中心。如图 1-11 所示。

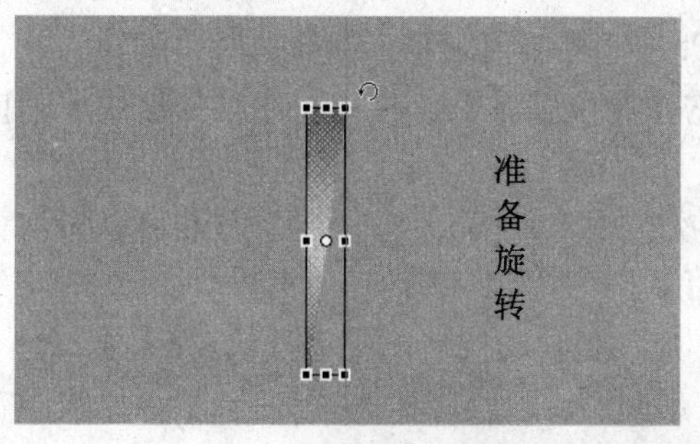

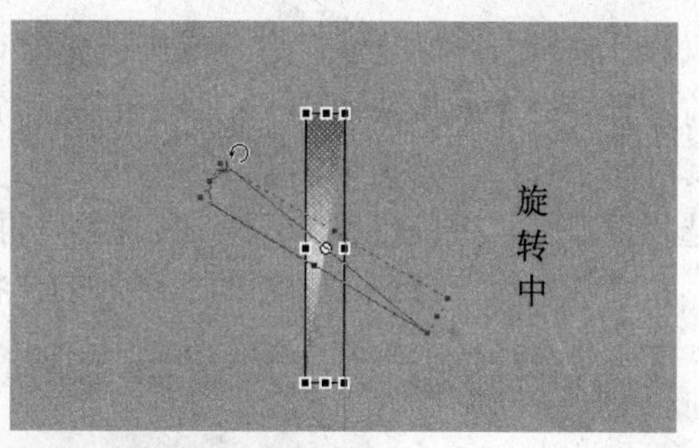

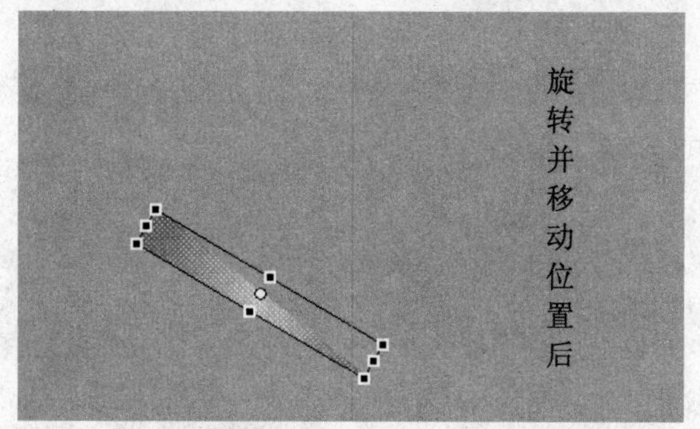

图 1-11　用“任意变形工具”旋转图形

5．创建扇子展开的逐帧动画

现在我们就来制作扇子展开的一个效果。选择第二帧，单击右键，从弹出的快捷菜单中选择“插入关键帧”命令或按快捷键 F6，如图 1-12 所示。这样就在第二帧位置插入了一个关键帧，插入的关键帧和前一个关键帧的内容完全相同。

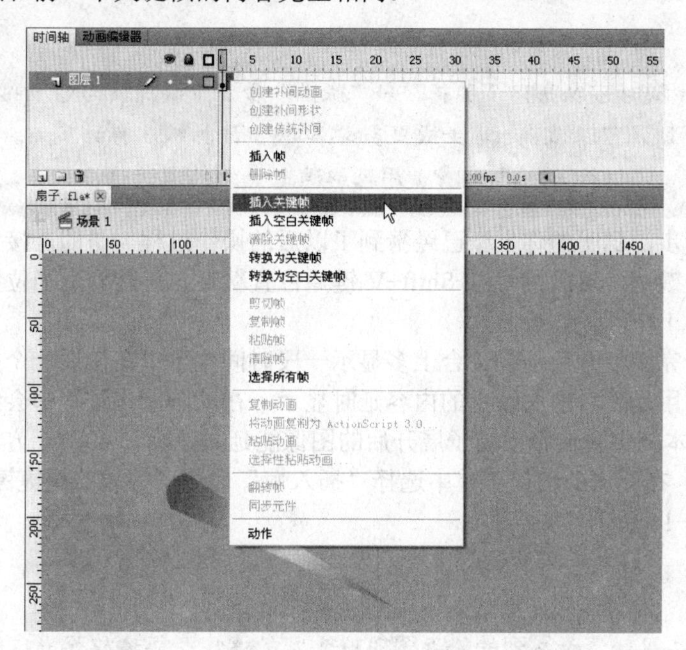

图 1-12　插入关键帧

依然用任意变形工具选中第二帧上的扇片，并把它的中心点移到扇片与中心线相交处，然后执行“编辑”→“复制”命令或按快捷键 Ctrl+C 复制该扇片，接着执行“编辑”→“粘贴到当前位置”命令或按快捷键 Ctrl+Shift+V 将它在原位置粘贴。接着将粘贴的这块扇片向右旋转，其时间轴和舞台效果如图 1-13 所示。

选择第三帧，按快捷键 F6 插入关键帧，再次执行 Ctrl+Shift+V（一次复制可以多次粘贴）。当然，粘贴的对象依然是第一帧的图形。同样将其向右旋转。如图 1-14 所示。

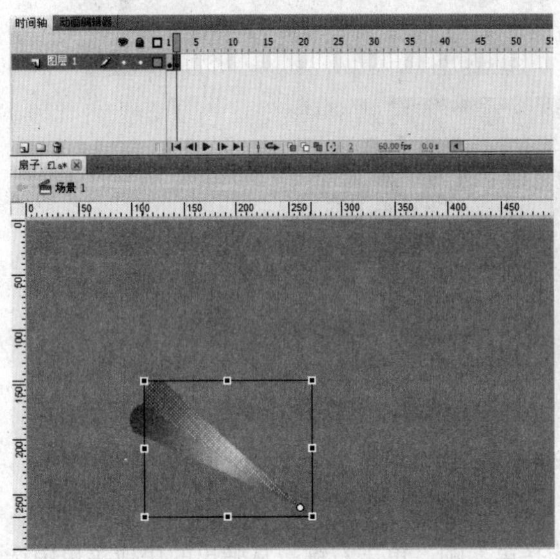

图 1-13　第二帧的效果

图 1-14　第三帧的效果

在操作过程中随时可以执行“编辑”→“撤销”命令（快捷键为 Ctrl+Z），撤销前面一步的操作。Flash 默认可以撤销 100 步或更多，这取决于计算机内存的多少。与“撤销”相对的是“重复”命令，（快捷键为 Ctrl+Y）用来取消上一步的撤销操作。

估计做到这一步，聪明的你大概已经猜到了以后的操作过程。是的，接下来，就按顺序在后面的帧上插入关键帧，然后按 Ctrl+Shift+V 键原位置粘贴，旋转到适当位置。完成后的时间轴和舞台效果如图 1-15 所示。

如果希望扇子完全展开后能在舞台上多显示一段时间，可以在最后一个关键帧后面插入若干帧。插入帧的作用是使它前面帧上的内容延时显示。在动画制作过程中会经常使用插入帧命令来使画面延时。本例中我们希望扇子展开后的图像能延时显示到 40 帧。方法是选择该层的第 40 帧，单击右键，在弹出的快捷菜单中选择“插入帧”命令，等效的快捷键是 F5。本例修改后的时间轴如图 1-16 所示。

小知识

所谓动画，其实就是一系列的静态图像按一定的速度连续播放而形成的动态效果。我们把动画播放过程中的每一个画面称为一帧。

在时间轴上，空心小圆点代表空白关键帧，黑色小圆点代表关键帧。灰色区间表示的是普通帧。

空白关键帧：没有添加任何对象的关键帧称为空白关键帧。

关键帧：只有在关键帧上才可以创建、编辑、修改对象。

帧：帧的作用就是延时前面关键帧的内容，对于帧中的内容是不可以进行编辑的。

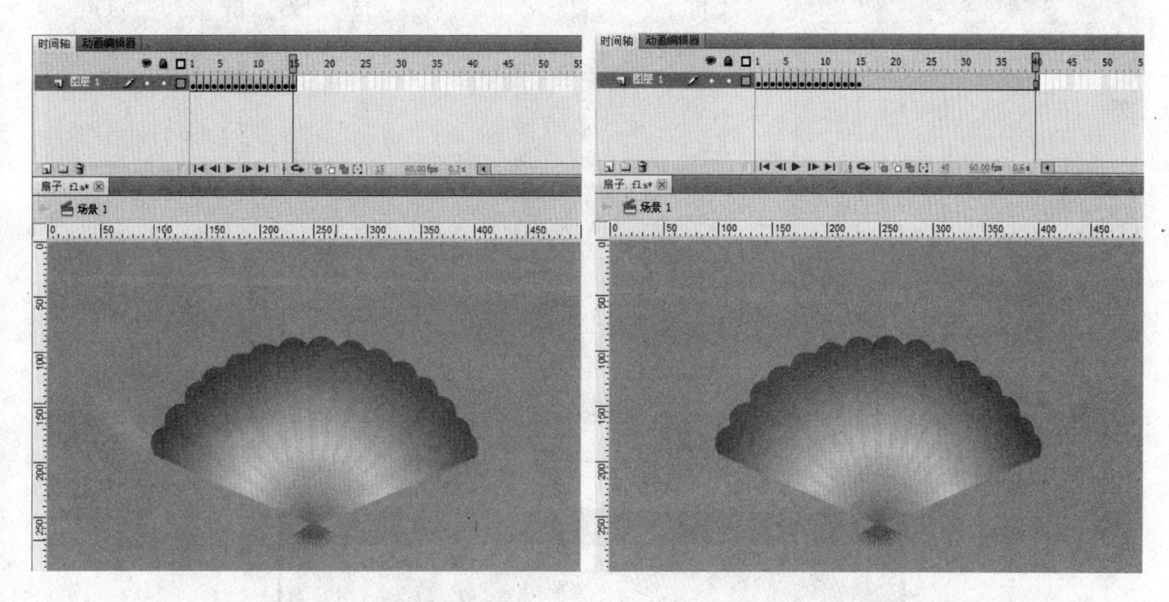

图 1-15　逐帧动画的时间轴效果

图 1-16　插入帧使画面延时

6．设置标题文字

单击“插入图层”按钮 ，在刚才的图层之上建立一个新图层，双击图层名，将该图层改名为“文字”。选择第 20 帧，按 F6 键插入关键帧。

单击工具箱的“文本工具” T ，在“属性”面板中设置文本类型为“静态文本”；字体为“华文行楷”；字体大小为 38；文本方向为“水平”；颜色为深紫色。设置好的属性面板如图 1-17 所示。

在舞台直接单击，出现文本框和一个闪烁的光标，在文本框中输入“古”字，再次单击，输入第二个字“韵”。用“任意变形工具” 调整这两个字的位置和方向，把它们分别放在扇子的左侧和右侧，如图 1-18 所示。

7．测试存盘

通常情况下，可以在场景中直接按 Enter 键来播放当前场景中的动画。

如果想预览整个动画效果，执行“控制”→“测试影片”命令或按快捷键 Ctrl+Enter，那么动画就会在一个新窗口中播放了。在播放的同时，会在 Flash 源文件所在的目录下自动生成一个扩展名为.swf 的影片文档，它可以脱离 Flash 程序单独运行。

执行“文件”→“保存”命令，将文件保存。本动画最终效果如图 1-19 所示。

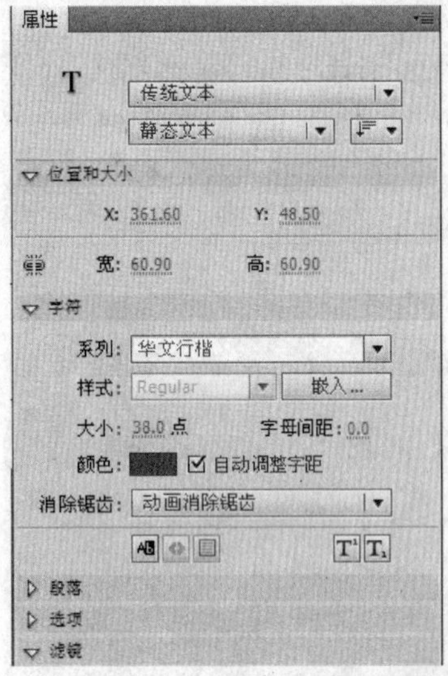

图 1-17　文本属性设置

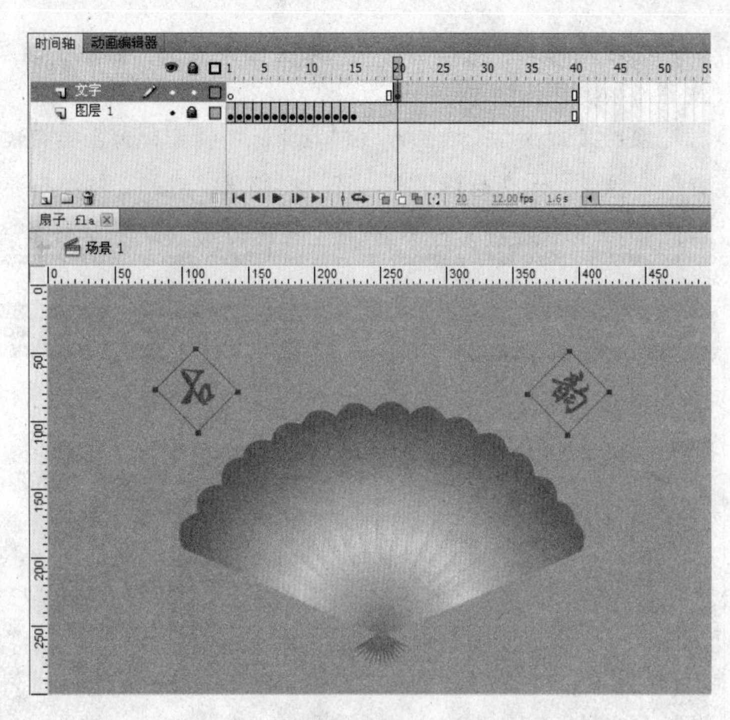

图 1-18　添加文字

图 1-19　折扇效果图

小知识

导出和发布影片

（1）执行“文件”→“导出”→“导出影片”命令，就可以直接导出.swf 格式的影片了，和用快捷键 Ctrl+Enter 直接生成.swf 的不同之处在于，它可以导出到硬盘的任意位置，而且还可以选择导出为.AVI、.MOV 等常见视频格式或网页上使用的 GIF 动画，如图 1–20 所示。

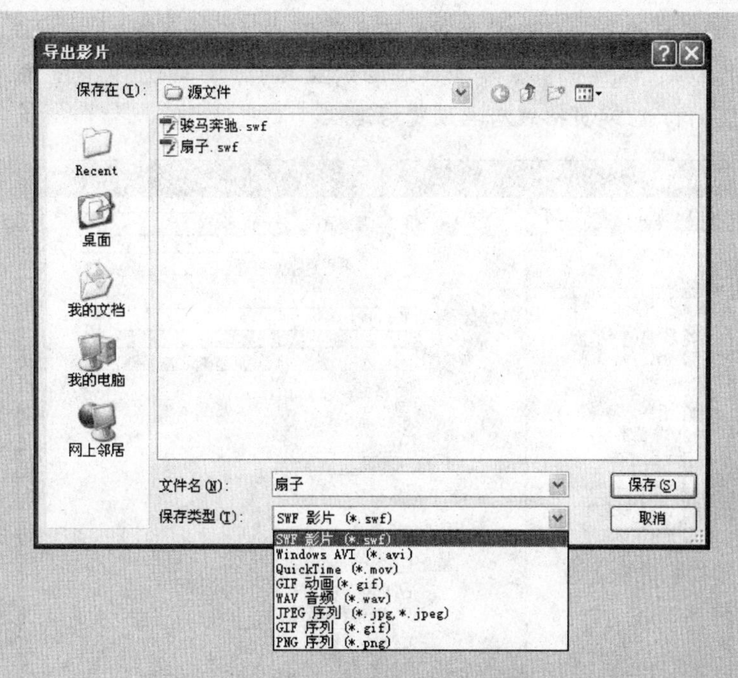

图 1-20 “导出影片”对话框

（2）执行“文件”→“发布设置”命令打开“发布设置”对话框，如图 1-21 所示。

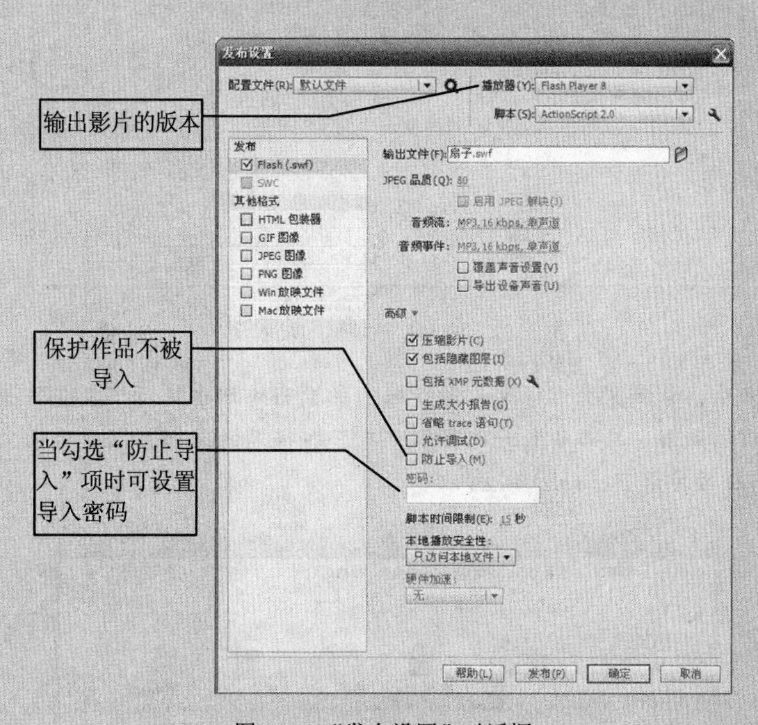

图 1-21 “发布设置”对话框

在“发布”选项中可以选择要发布的文件格式，选择好格式后，一般都会在该对话框的右侧出现相应的选项设置，可以对发布的格式进行详细设置。图 1-21 就是选择了 Flash 格式后的设置对话框，这里提供了非常详细的设置选项，如输出 Flash 影片的版本等。图 1-22 是选择了 HTML 网页格式后的设置对话框。

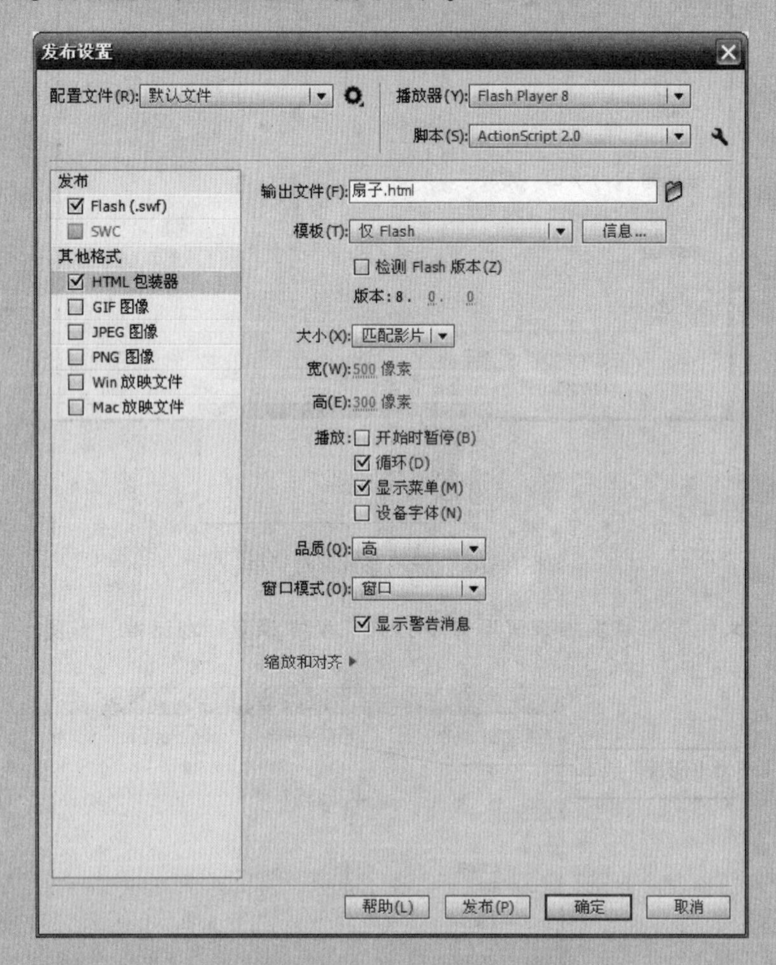

图 1-22　HTML 包装器的发布设置

当设置完成后，单击“发布设置”对话框中的发布按钮或执行“文件”→“发布”命令即可发布当前的动画。发布命令一次可发布成多种格式的文档，发布后的文档都保存在 Flash 源文件所在的目录下，如图 1-23 所示。

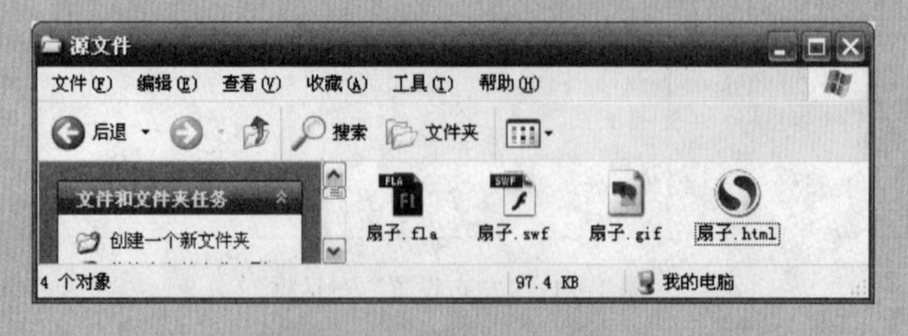

图 1-23　发布后的文件

三、举一反三

1．制作一个简单倒计时逐帧动画。效果如图 1-24 所示。

2．将“举一反三”文件夹中的“跳动的色彩.swf”文件打开，观察其效果。自己尝试练习。效果如图 1-25 所示。

图 1-24　倒计时效果图

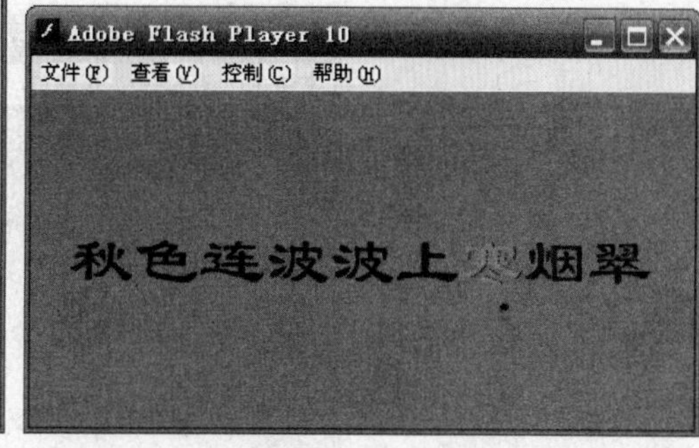

图 1-25　跳动的色彩效果图

3．制作简单的人物表情动画。效果如图 1-26 所示。

图 1-26　人物表情动画效果图

任务二　骏马奔驰

一、任务描述

如图 1-27 所示，茫茫草原上，一匹骏马在奔驰。在 Flash 中，除了自己绘制图形外，还可以导入外部素材，本例就是利用导入外部 GIF 图片来创建的逐帧动画。

通过本例的学习，可以掌握如何导入外部素材，以及利用绘图纸功能观察和编辑多个帧。绘图纸功能对于制作逐帧动画是非常有用的。

图 1-27　骏马奔驰效果图

二、自己动手

1．创建影片文档

新建 Flash 文档。执行“修改”→“文档”命令，打开“文档属性”对话框，设置宽为“400 像素”，高为“260 像素”，背景色为白色，帧频为 18 fps。

2．创建背景层

选择第一帧，执行“文件”→“导入”→“导入到舞台”命令，弹出“导入”对话框，将素材库中名为“草原.jpg”的图片导入到场景中，双击图层名，将该图层重新命名为“背景”层。选中该图片，在“属性”面板中将该图片的宽和高分别设为“400”、“260”，X 坐标和 Y 坐标都设为“0”，使其尺寸和位置与舞台完全重合，如图 1-28 所示。

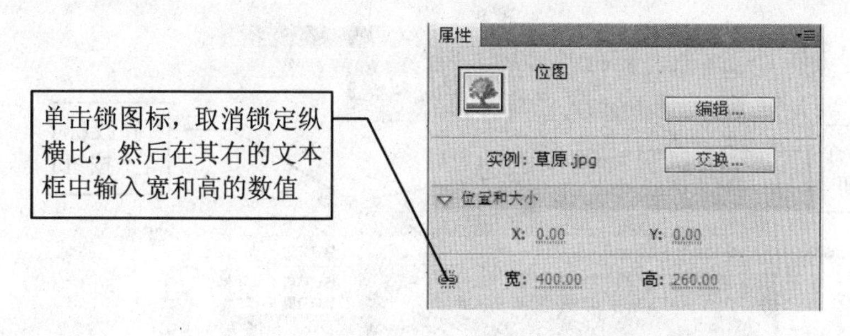

图 1-28　背景图片的属性面板

3．导入 GIF 动画

单击“插入图层”按钮，插入图层 2。将图层 2 重命名为“马”。选择该层第 1 帧，执行“文件”→“导入”→“导入到舞台”命令，将素材库中的“奔跑的骏马.gif”导入。此时，Flash 会自动把该图片序列以逐帧形式导入舞台的左上角。其舞台和时间轴效果如图 1-29 所示。选择“背景”层的第 24 帧，按 F5 键，使背景层的内容也延续到第 24 帧，如图 1-30 所示。

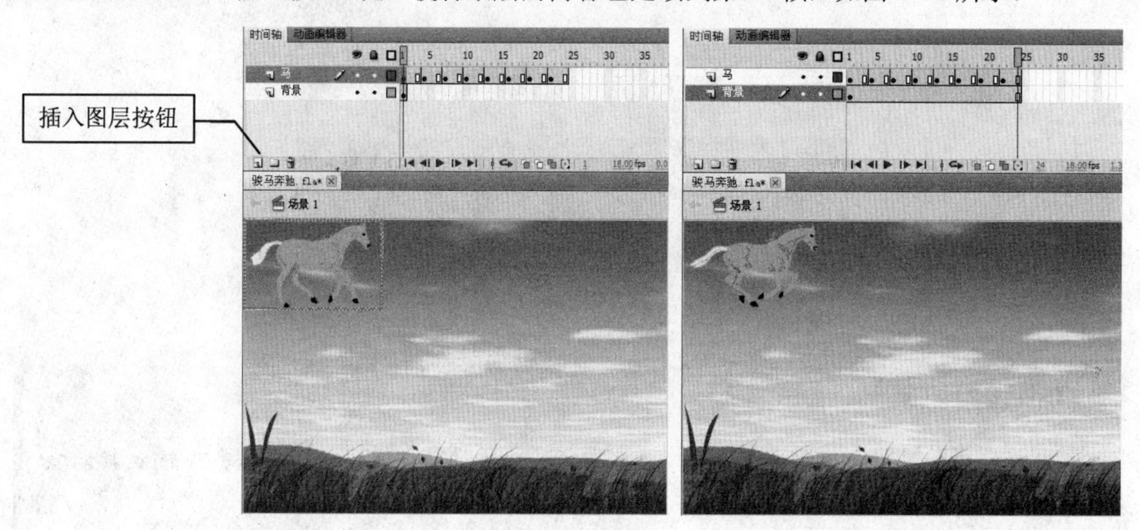

图 1-29　导入 GIF 动画后的时间轴和舞台效果　　　　图 1-30　插入帧后的时间轴效果

4．调整对象位置和大小

从左向右拖动红色播放头，就会看到一匹骏马在奔跑。但是，在默认情况下，导入的对象被放在舞台“0，0”坐标处，必须将它们移动到舞台合适的位置。

当然可以先调整一帧的位置，然后记下其坐标值，再把其他关键帧上的图片设置成相同的坐标值，这需要我们有足够的耐性和时间。还有一种更简便的方法就是使用“多帧编辑”功能。

单击“锁定图层”按钮，锁定“背景”层。然后按下时间轴面板下方的“编辑多个帧”按钮，再单击“修改标记”按钮，在弹出的菜单中选择“标记整个范围”选项，如图 1-31 所示。

最后执行“编辑”→“全选”命令（快捷键 Ctrl+A），此时时间轴和场景效果如图 1-32 所示。

用鼠标左键按住场景上方的骏马拖动，就可以把 24 帧中的图片一次性全部移到场景中央了。接着，单击工具栏的“任意变形工具”，拖动图片四周的方向句柄，调整马的大小。现在若要将马儿调个头，可以使用“修改”→“变形”→“水平翻转”命令即可。

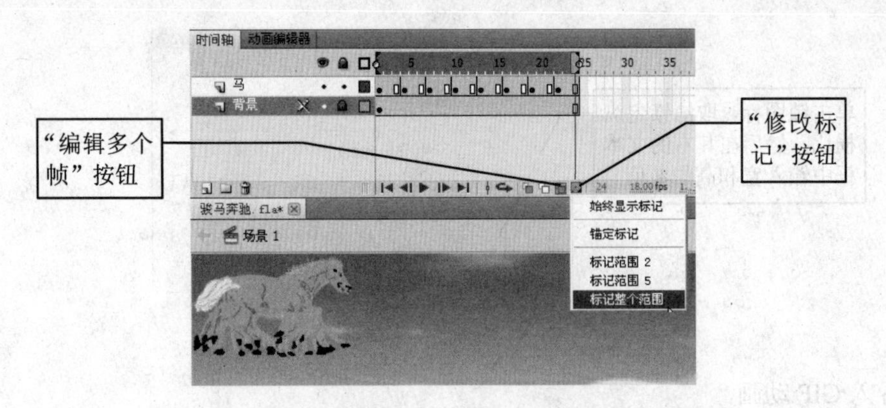

图 1-31　选择“标记整个范围”选项

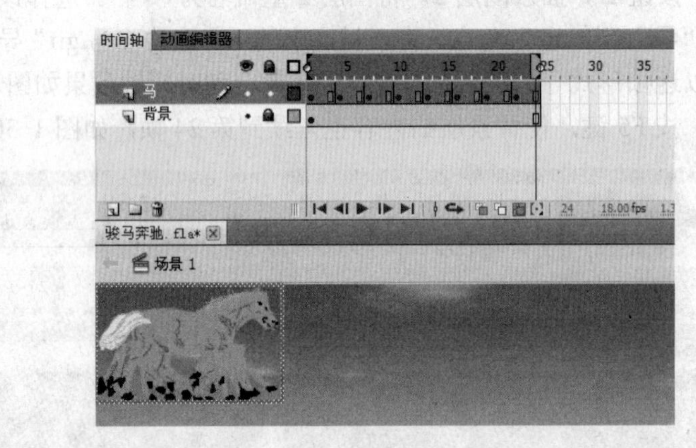

图 1-32　编辑多个帧

小知识

除了使用工具栏的“任意变形工具”缩放对象外，还可以通过“变形”面板将对象进行缩放。具体操作如下：

首先用“选择工具”选择舞台上的对象。接着执行“窗口”→“变形”命令或单击程序窗口右侧的“变形”按钮，弹出“变形”面板，在“变形”面板的和右侧的文本框中输入想要缩放的百分比即可。如图 1-33 所示。

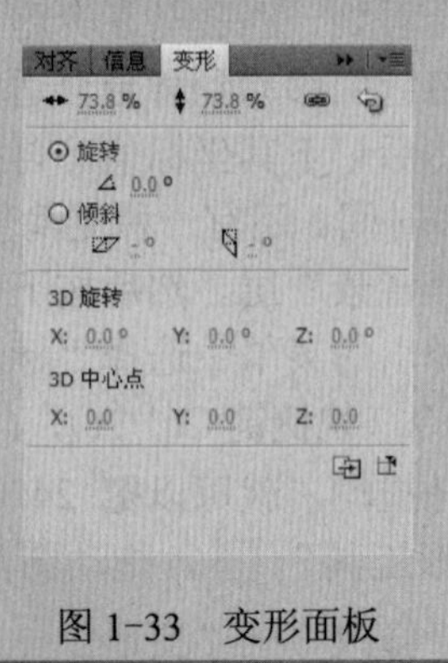

图 1-33　变形面板

绘图纸功能：通常情况下，Flash 在舞台中一次只能显示动画序列的当前帧。这非常不利于编辑和观察。使用绘图纸功能可以使前后多个帧变为半透明状态，便于进行参照和对比前后帧的图像。这个功能对制作逐帧动画非常有用。

绘图纸外观按钮：按下此按钮，在时间轴的上方将出现绘图纸外观标记。拖动外观标记的两端，可以扩大或缩小显示多帧的范围。如图 1-34 所示，是使用绘图纸功能后的场景，只有当前帧的内容是全彩色显示，其他帧的内容以半透明显示。

图 1-34　按下绘图外观按钮后的舞台效果

绘图纸外观轮廓：按下此按钮后，场景中显示各帧内容的轮廓线，填充色消失，适合观察对象轮廓，另外可以节省系统资源，加快显示过程。

编辑多个帧按钮：按下此按钮后可以显示多个帧的内容，并且可以对多个帧同时进行编辑。

修改标记按钮：按下此按钮后，将弹出菜单，菜单中有以下选项。

“始终显示标记”：该选项会在时间轴标题中显示绘图纸外观标记，无论绘图纸外观是否打开。

“锚定标记”：该选项会将绘图纸外观标记锁定在它们在时间轴的当前位置。通常情况下，绘图纸外观范围是和当前帧的指针以及绘图纸外观标记相关的。通过锁定绘图纸外观标记，可以防止它们随当前帧的指针移动。

“标记范围 2”：会在当前帧的两边显示 2 个帧。

“标记范围 5”：会在当前帧的两边显示 5 个帧。

“标记整个范围”：会在当前帧的两边显示全部帧。

5. 设置标题文字

在场景中新建“文字”层，单击工具箱中的“文本工具” T，在“属性”面板中设置文本类型为“静态文本”；字体为“华文行楷”；字体大小为 25；文本方向为“垂直，从左向右”；颜色为黄色。然后在文本框中输入“骏马奔驰”，并将其放到舞台的合适位置，如图 1-35 所示。

图 1-35　添加文字层

6．测试存盘

执行“控制”→“测试影片”命令（快捷键 Ctrl+Enter），观察动画效果，如图 1-36 所示，如果满意，执行“文件”→“保存”命令，将文件保存。

图 1-36　骏马奔驰效果图

逐帧动画是 Flash 中最基本的动画类型之一，其制作方法类似于传统动画的制作，需要把每一帧的图像制作出来。当然，图像可以是自己绘制，也可以是导入的外部素材。当按一定的帧频（即每秒播放的帧数）播放时，就产生了动画效果。它的制作原理简单，但实际操作起来比较复杂，多用于表现动画中一些细腻的动作，例如人物或动物的表情、动作等。

三、举一反三

1．本任务中的骏马是在原地奔跑，试一试，能否让马儿跑起来（有多种方法，可参照举一反三中的相关实例）。

2．运行“举一反三”文件夹中的“打字效果.swf”，观察其效果。自己尝试练习。效果如图 1-37 所示。

图 1-37　打字效果图

3．尝试制作小精灵动画，效果如图 1-38 所示。

图 1-38　小精灵动画效果截图

项　目　二

美丽家园

项目概述

“绿色的美丽家园”是我们每个地球人都希望拥有的，本项目将带领大家完成一个美丽家园场景的制作。

项目构思

篱笆、小院、炊烟袅袅、一只可爱的小瓢虫在努力向树上爬，天边太阳正缓缓升起。多么美丽的早晨啊……本项目将通过绘制家园美景这样一幅场景画面，来进一步熟悉 Flash 工具箱中各种工具的使用以及补间动画和路径动画的创建方法。

项目实施

此项目通过绘制一棵大树、小小院落、爬动的小瓢虫、沿任意路径运动的瓢虫这 4 个任务来构建一幅漂亮的 Flash 场景画面。效果如图 2-1 所示。

图 2-1　美丽家园效果图

任务一　绘制一棵大树

一、任务描述

绿色代表生命，有家的地方就必有绿色。在本任务中，我们先来学习画一棵大树。除了掌握基本绘图工具的使用外，本任务中还有一个重要知识点，就是图形元件的创建和使用。

二、自己动手

1．创建影片文档

新建 Flash 文档，打开“文档属性”对话框，设置宽为“650 像素”,高为“500 像素”，其他均为默认值。

2．创建渐变背景层

将当前图层改名为“背景”，按 Alt+Shift+F9 键打开颜色面板，设置渐变类型为“线性渐变”。在色带下单击添加一个色标。依次调整色标颜色，分别为天蓝色、白色、绿色。如图 2-2 所示。

选择工具箱的矩形工具 ，在舞台绘制任意大小的矩形。然后在“属性”面板中设置该矩形宽为“650”、高为“500”，X 和 Y 的坐标均为“0”，这样设置的目的是使该矩形正好充满整个舞台，如图 2-3 所示。

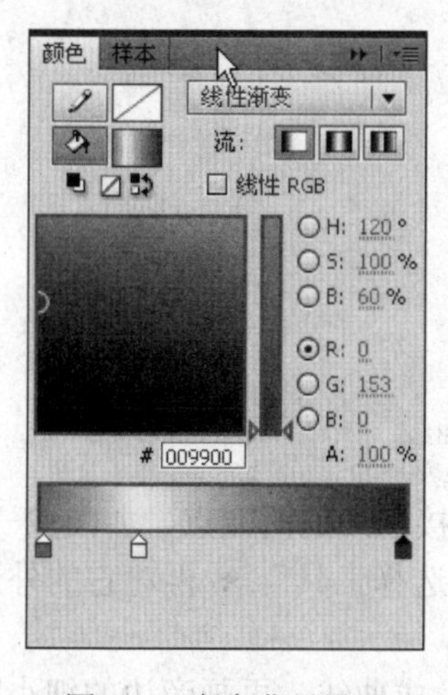

图 2-2　渐变背景设置

图 2-3　渐变背景

选择工具箱的“渐变变形工具” ，在该矩形上单击，周围出现可调节的控制手柄。拖动旋转手柄使该渐变顺时针旋转 90°，形成蓝天、白云、草地的效果。如图 2-4 所示。然后锁定该图层，这样可防止执行其他操作时对它的误操作。

3．绘制树叶

（1）创建名为“树”的新层。单击工具箱的线条工具，在“属性”面板中设置其笔触颜色为绿色，笔触高度为 2，笔触样式为实线，如图 2-5 所示。在舞台上绘制一条直线，接着用选择工具按住线条的中下部进行拖动，将它拉成曲线，如图 2-6 所示。

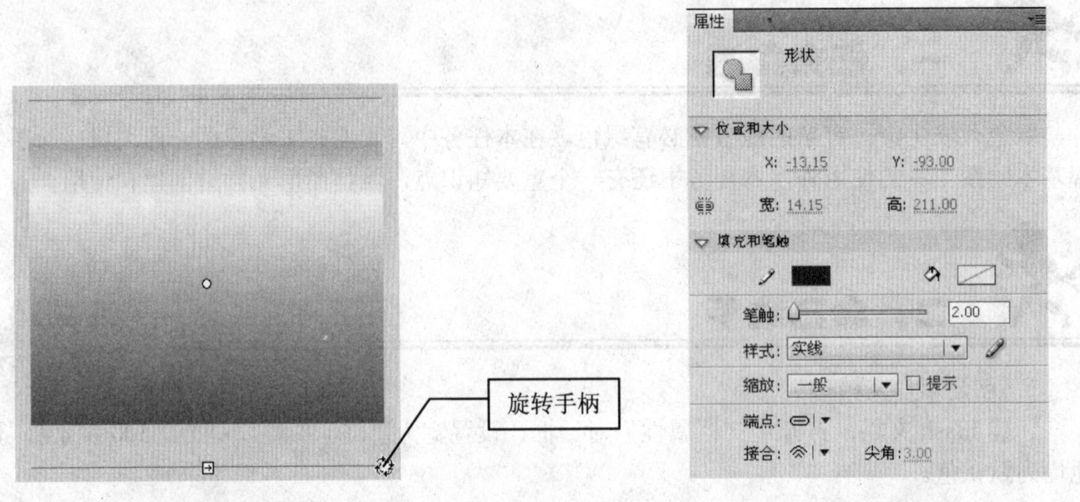

图 2-4　旋转并锁定　　　　图 2-5　设置线条属性

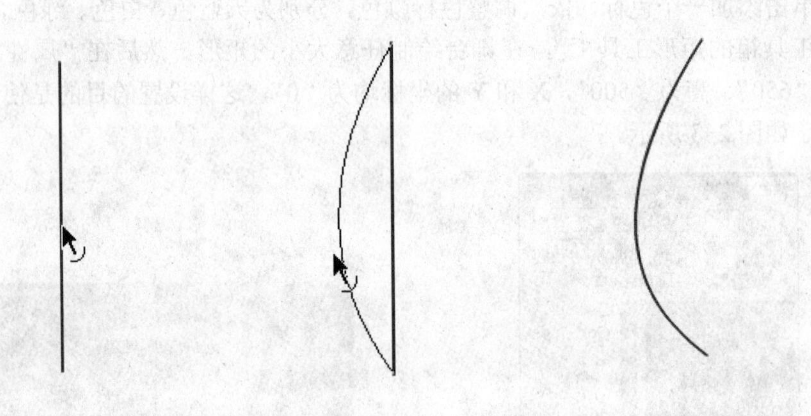

图 2-6　用“选择工具”创建曲线

再用“线条工具”绘制另一条直线，这条直线要连接曲线的两端点，如图 2-7（a）所示。用“选择工具”将这条直线也拉成曲线，然后用“选择工具”再对它的外形略微调整，一片树叶的基本形状就画出来了，如图 2-7（b）所示。

（2）现在来绘制叶脉，先在两端点间绘制直线，然后拉成曲线，再画旁边的细小叶脉，可以用直线，也可以将直线略弯曲，这样，一片简单的树叶就画好了，如图 2-8 所示。

（3）接下来我们要给这片树叶填上颜色。在工具箱的颜色选项栏设置填充色为浅绿色，然后单击工具箱中的颜料桶工具，在画好的叶子上单击一下，效果如图 2-9 所示。

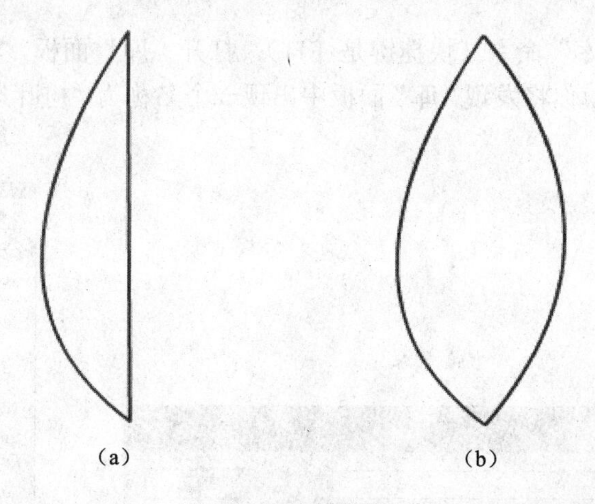

（a）　　（b）

图 2-7　画树叶轮廓

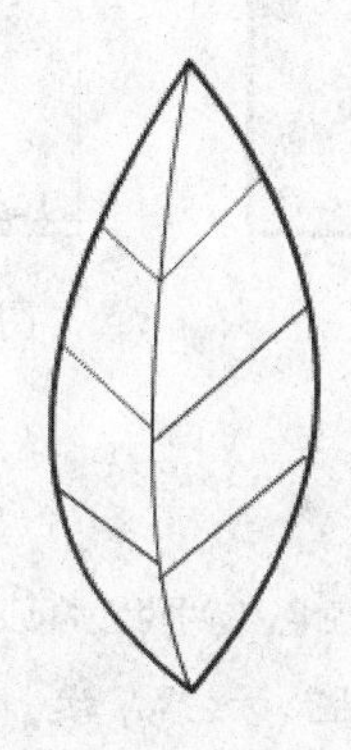

图 2-8　画叶脉

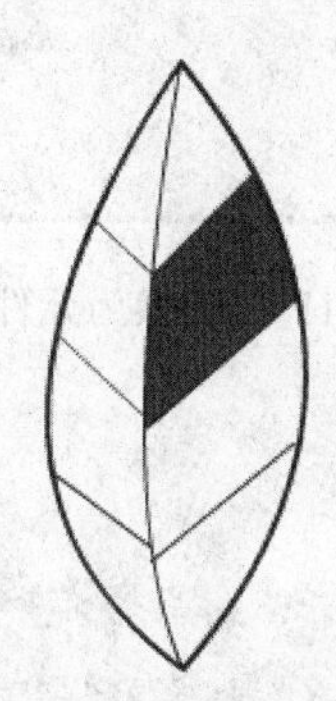

图 2-9　给树叶填充颜色

颜料桶工具默认能在一个封闭的区域中填色。依次单击为该树叶填上颜色。至此，一片树叶就绘制好了。

提个醒

如果我们要填色的区域不是完全封闭的，可以在“颜料桶工具”选项栏内设置“封闭大空隙”或“封闭中等空隙”或是“封闭小空隙”来实现不完全封闭空间的填色，如图 2-10 所示。

图 2-10　“颜料桶工具”选项栏

（4）现在我们要把刚才画好的这片树叶转换为元件备用。选择该树叶，单击右键，在弹出的快捷菜单中选择“转换为元件”命令，弹出“转换为元件”对话框。输入元件名称为“树叶”，选择元件类型为“图形”，如图 2-11 所示。

执行“窗口”→“库”命令（快捷键是 F11），打开“库”面板，“库”面板用来存储元件和导入的各种外部素材。你将发现“库”面板中出现一个名称为“树叶”的图形元件，如图 2-12 所示。

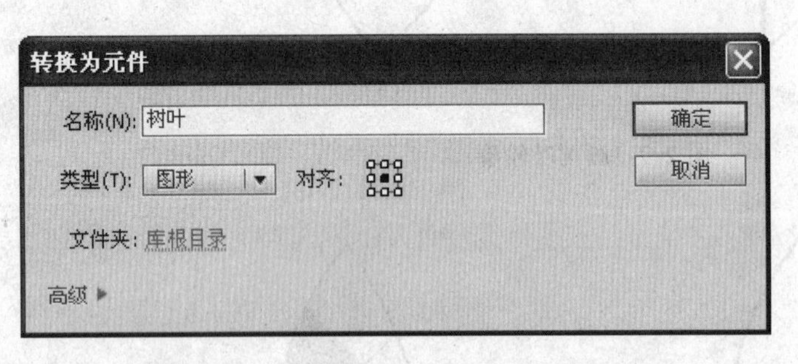

图 2-11　“转换为元件”对话框

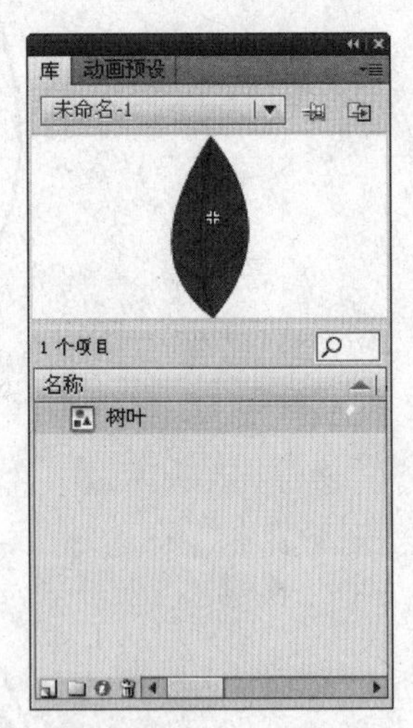

图 2-12　“库”面板

试一试

画树叶的另一种方法：选择“椭圆工具”，在颜色选项栏内设置其笔触颜色为深绿色，填充色为浅绿色。在舞台中心位置画一个长条的椭圆。选择“选择工具”，按下 Ctrl 键，直接拖动椭圆的上方，可拖出一个尖角来。再用“选择工具”将它的边线略微调整，接着添加叶脉，同样也可以得到一片树叶，如图 2-13 所示。

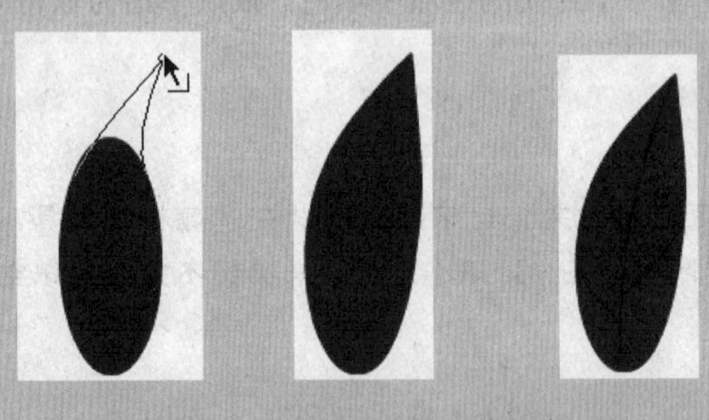

图 2-13　画树叶的另一种方法

小知识

元件：是 Flash 中可重复使用的对象。它是构成 Flash 动画不可或缺的一个重要元素，分为图形元件、电影剪辑元件、按钮元件三种类型。

图形元件：指可重复使用的静态图像。也可创建与主时间轴同步运动的动画片段，但无法为该类型加入声音和脚本控制。

影片剪辑元件：用来创建独立于主时间轴、可重用的动画片段。该类型可以添加声音和脚本控制。

按钮元件：用来创建响应鼠标点击、滑过或其他动作的交互式按钮。

（5）用单片树叶来武装大树，有些单调，所以我们在单片树叶的基础之上再做一个组合树叶元件。

从元件库中再拖两片“树叶”到舞台上，用“任意变形工具”将三片树叶调整成如图 2-14 所示的形状。

图 2-14 组合树叶形状

用前面介绍的方法，将这三片树叶全部选中，也转换为图形元件，元件名为“组合树叶”。这样就形成了元件的嵌套,也就是在“组合树叶”元件内嵌套了“树叶”元件。

4. 绘制树干和树枝

单击“刷子工具”，在“颜色”栏内设置填充色为褐色。在“选项”栏内设置刷子形状为椭圆形，刷子大小自定。刷子模式为标准绘画。如图 2-15 所示。将鼠标移动到场景中，画出树干和树枝的形状，如图 2-16 所示。

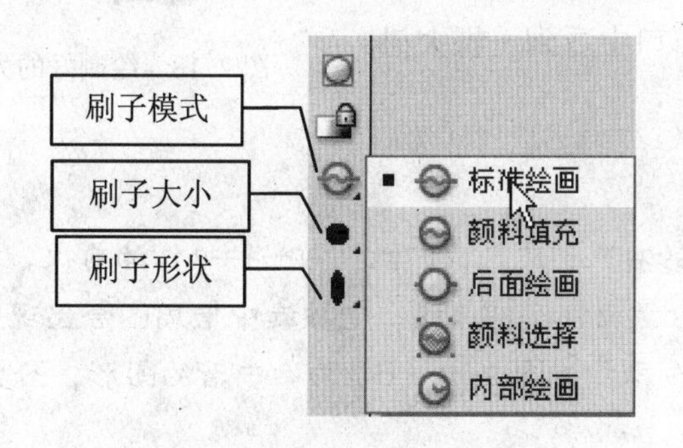

图 2-15 刷子工具选项设置

图 2-16 绘制树干和树枝

小知识

刷子工具：刷子就好像现实生活中的画笔，你完全可以按照自己的感觉来绘画。而且它还提供了“标准绘画”、“内部绘画”、“颜料填充”、“后面绘画”等多种绘画模式。

标准绘画：正常绘画模式。

颜料填充：它只影响填充色的内容，不会影响线条。

后面绘画：它只出现在图像的后方，对前景图像没有任何影响。

颜料选择：使用这种模式，需要先选择范围，刷子只能在所选的范围内涂上颜色。如图 2-17 所示，刷子只在选中的一块叶片范围内起作用。

内部绘画：使用“内部绘画”模式绘画时，画笔的起点必须在轮廓线以内，而且画笔的范围也只作用在轮廓线以内。

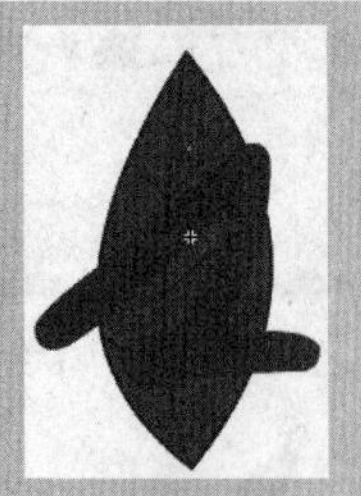
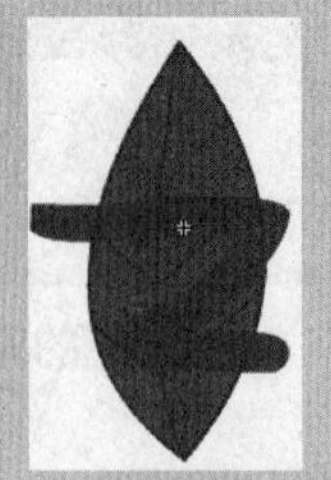
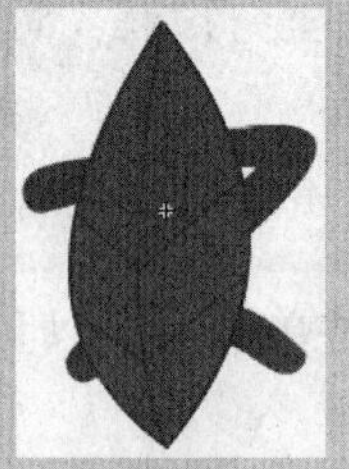
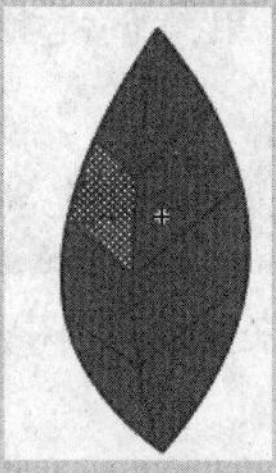
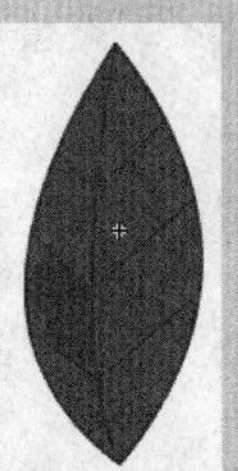

标准绘画 颜料填充 后面绘画 颜料选择 内部绘画

图 2-17 刷子工具的绘画模式

5．组合大树

按快捷键 F11 打开“库”面板，“库”面板中有两个刚制作完的图形元件，分别为“树叶”和“组合树叶”，单击“树叶”和“组合树叶”图形元件，分别将其拖放到舞台的树枝图形上，用“任意变形工具”进行调整。元件库中的元件可以重复使用，只要改变它的大小和方向，就能制作出纷繁复杂的效果来，如图 2-18 所示。按快捷键 Ctrl+A 将组合好的大树全选，按快捷键 F8 将其转换为图形元件，名为“大树”。

图 2-18 绘制好的大树

6．保存文件

按 Ctrl+Enter 键测试影片，可以在预览窗口中看到一棵大树。执行“文件”→“保存”命令，将文件保存。

小知识

用“选择工具”单击选中想要编辑的对象，这是我们做任何一种操作的前提。对于图形元素来说，它被选中后呈现网点状。对于元件实例来说，它被选中后周围会出现一个蓝色的边框，中间有一个中心点。如图 2-19 所示，图 2-19（a）为选中后的图形，图 2-19（b）为选中后的元件实例。

（a）图形

（b）元件

图 2-19 图形和元件实例选中后的不同状态

试一试

按快捷键 F11 打开元件库，双击“树叶”元件，进入该元件的编辑状态，试着修改它的一些颜色属性。回到主场景，你会发现，舞台上所有的叶子都做了相应的改变。

选中舞台上的任意一个“树叶”元件的实例，试着在“属性”面板中修改它的颜色属性，然后再打开“库”面板，请观察“库”中的元件是否也做了相应的修改。

三、举一反三

1．尝试绘制各种花朵的形状，并为其填充不同渐变颜色，效果如图 2-20 所示。

2．仔细观察你所喜欢的一种树木，并在 Flash 中将它画出来。

3．绘制夜晚的星空。可参照图 2-21。

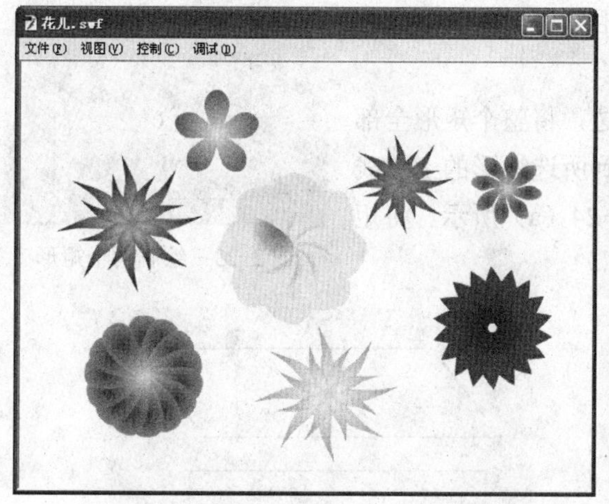

图 2-20　绘制花朵

图 2-21　夜晚的星空

任务二　小 小 院 落

一、任务描述

学习了绘图工具的使用方法，还要灵活运用，才能做出漂亮的画面来。在本任务中我们将利用最基本的矩形工具和椭圆工具来画一座小房子。

二、自己动手

1．创建房子层

为了防止对其他图层的误操作，单击时间轴上方的锁定图层按钮，将刚才所有的图层锁定。然后单击插入图层按钮 ，创建名为“房子”的新图层。其时间轴如图 2-22 所示。

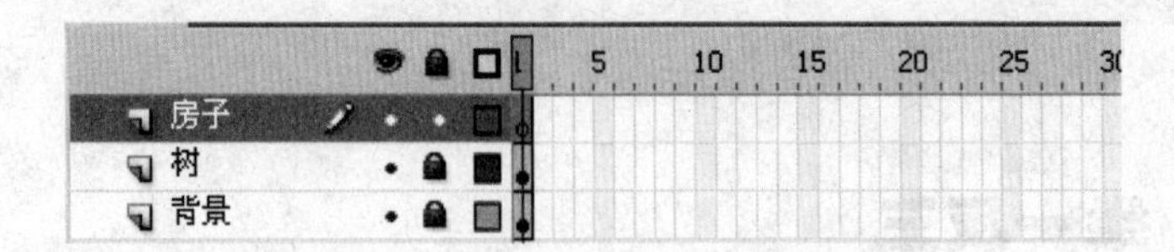

图 2-22　创建名为“房子”的新图层

2．绘制房子基本轮廓

选择矩形工具，在颜色选项栏内设置笔触颜色为黑色，填充色为无。在舞台上绘制出两个矩形，上面的矩形作房顶，下面的矩形作房身，如图 2-23 所示。

用“选择工具”双击上面矩形的任一条边，将整个矩形全部选中，单击“任意变形工具”，将鼠标移动到所选矩形的上边线附近，当鼠标变成⇌形状，拖动鼠标，如图 2-24（a）所示。将矩形斜切成平行四边形，如图 2-24（b）所示。

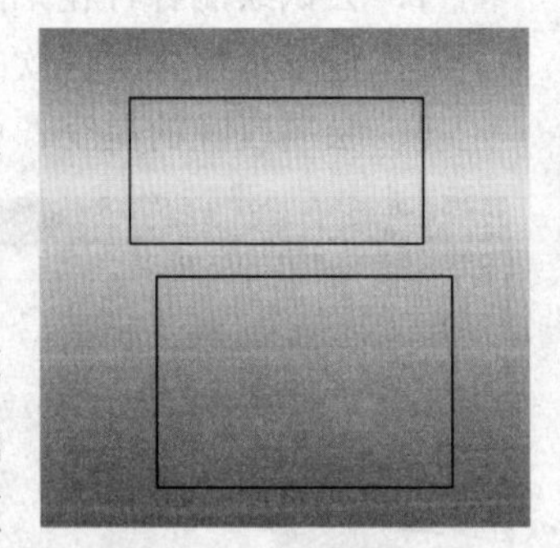

图 2-23　绘制两个矩形

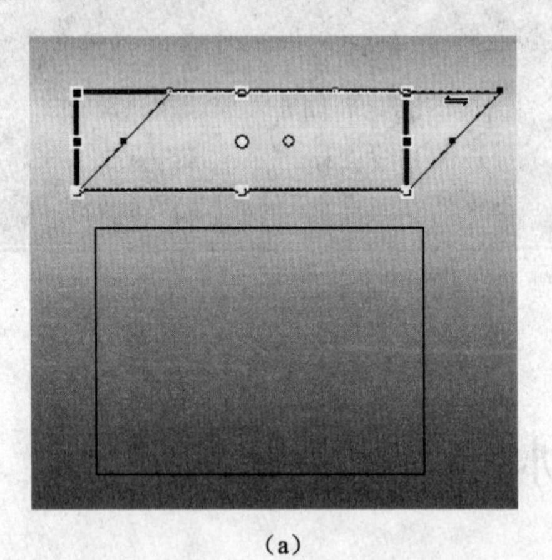

（a）

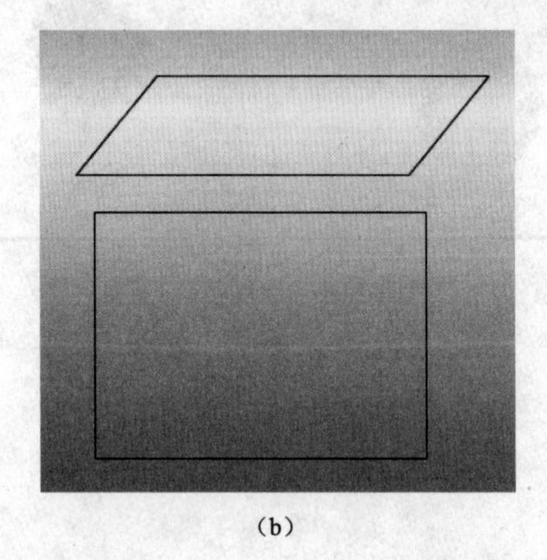

（b）

图 2-24　用任意变形工具变形

选择“线条工具”，将两图形连接起来，如图 2-25 所示。接着用“线条工具”绘制屋顶的侧面。得到如图 2-26 所示的房屋轮廓。

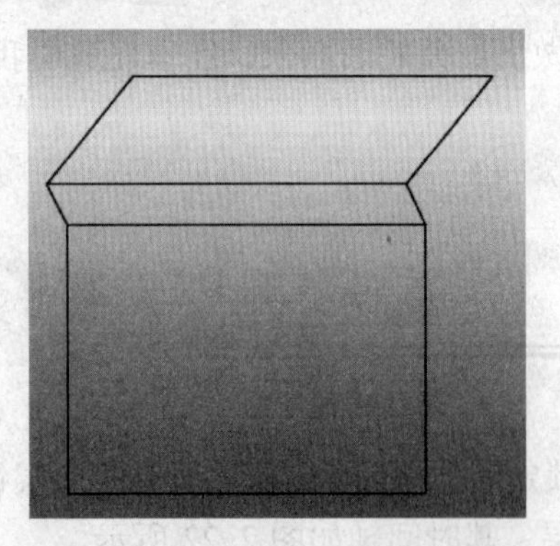

图 2-25　用线条工具连接两个矩形

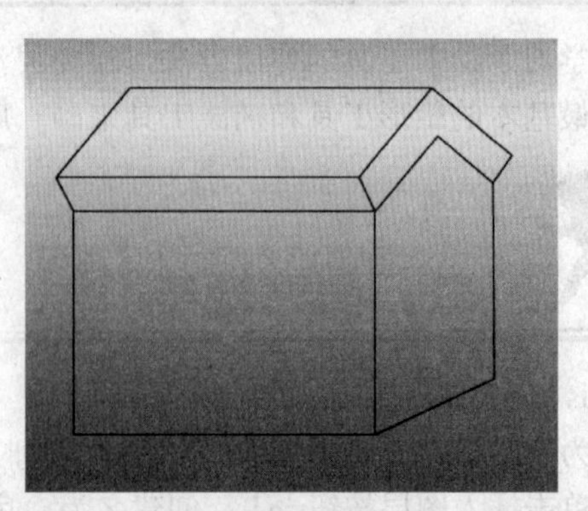

图 2-26　绘制房屋轮廓

3．画门和窗户

画出门的形状。再来绘制窗户。使用“椭圆工具”画一个没有填充色的椭圆，用选择工具框选靠下的大半个椭圆，按 Delete 键，删除所选部分，剩下上面的弧线。紧挨着弧线再画一长方形，如果不容易对准，可以使用工具箱的“缩放工具”将画面放大。画好以后，双击“缩放工具”就可以恢复原状了。增加直线，形成窗格。选中窗户，在“属性”面板中将颜色改为浅蓝色，并加粗，如图 2–27 所示。

4．填充颜色

将画好的房子填充上你喜欢的颜色，然后用“选择工具”分别选中轮廓线，将它们一一删除，得到如图 2–28 所示形状。

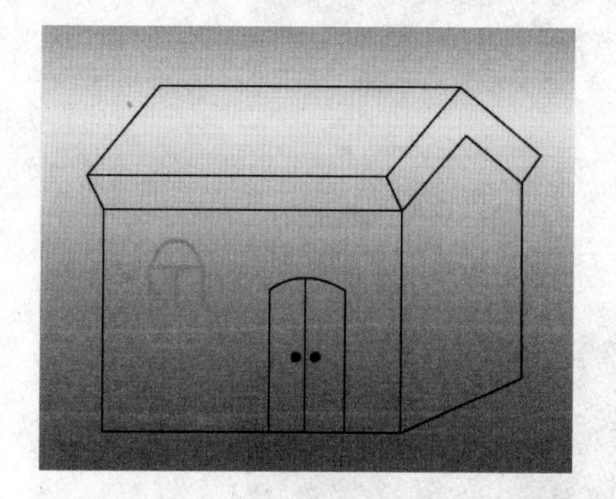

图 2–27　画门和窗

图 2–28　为小屋填充颜色

5．画窗帘

选择工具箱的“刷子工具”，设置填充色为粉色，在选项栏单击刷子模式按钮，选择绘画模式为“后面绘画”，如图 2–29 所示。在窗户内画出窗帘的形状，如图 2–30 所示。

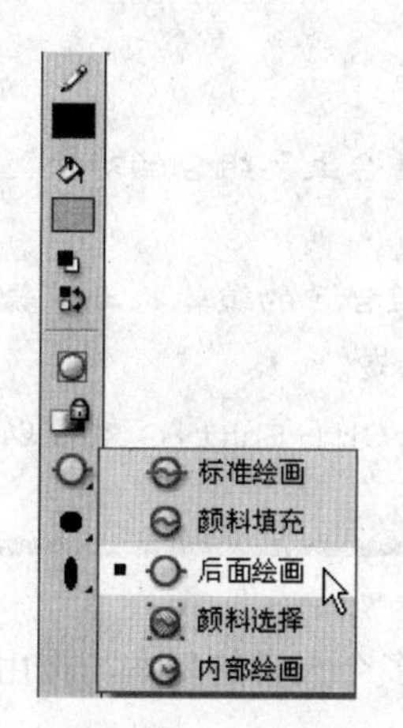

图 2–29　选择“后面绘画”模式

图 2–30　画窗帘

6．画烟囱和碎石路

结合矩形工具和椭圆工具，在房顶绘制烟囱和炊烟。然后在屋前用“椭圆工具”画一些大小不一的小圆，作为门前的碎石路。用“选择工具”框选房子层的所有图形，执行“修改”→“组合”命令或按快捷键 Ctrl+G，将其组合，如图 2-31 所示。

图 2-31　组合后的小房子

提个醒

组合命令可以将多个对象组合为一个整体，便于操作。选择舞台上要组合的对象，执行“修改”→“组合”命令或快捷键 Ctrl+G 就可将所选对象组合。

要编辑组合对象，可用鼠标双击组合对象。这时舞台进入“组合”的编辑状态，舞台其他对象变暗。双击组合对象之外的区域可退出组合对象的编辑状态。

如果想取消组合，执行“修改”→“取消组合”命令或快捷键 Ctrl+Shift+G 就可以取消对象的组合。

7. 复制、排列大树

选择场景 1 舞台上的那棵大树，按住 Alt 键直接拖动，可产生多个大树的复本，按由远及近、由小到大的顺序依次排列在舞台的左侧，如图 2-32 所示。

8. 进一步美化修饰小院

使用“刷子工具”再给小院加上一些小草和篱笆。至此我们的美丽家园的场景图就大功告成。其效果如图 2-33 所示。

图 2-32　复制、排列大树

图 2-33　美丽家园

9．保存文件

按 Ctrl+Enter 键，观察动画效果，如果满意，执行“文件”→“保存”命令，将文件保存。

三、举一反三

1．绘制简单蓝天、湖面场景，如图 2-34 所示（操作提示：注意使用“填充变形工具”对湖面的渐变填充色和小山的渐变填充色进行调整）。

2．尝试绘制小鸭形状。你也可以充分发挥想象力，根据自己的观察来画。然后将画好的小鸭子转换为图形元件。效果如图 2-35 所示。

图 2-34　蓝天、湖面效果图

图 2-35　小鸭子效果图

任务三　爬动的小瓢虫

一、任务描述

在本任务中，将利用“椭圆工具”、“填充变形工具”以及“部分选取工具”来绘制一个小瓢虫，并让它沿着树干慢慢地向上爬。本任务的一个重要知识点是利用传统补间动画实现瓢虫爬动的效果。

二、自己动手

1．创建瓢虫图形元件

（1）执行“插入”→“新建元件”命令，或按快捷键 Ctrl+F8 弹出“创建新元件”对话框，输入名称为“瓢虫”，类型为“图形”，如图 2-36 所示。

（2）单击“确定”按钮，即进入该元件的编辑状态。选择当前图层，将其改名为“背部”，使用工具箱的“椭圆工具”，选择笔触颜色为无，填充色为红到黑的放射状渐变，绘制一个椭圆，如图 2-37 所示。

图 2-36 “创建新元件”对话框

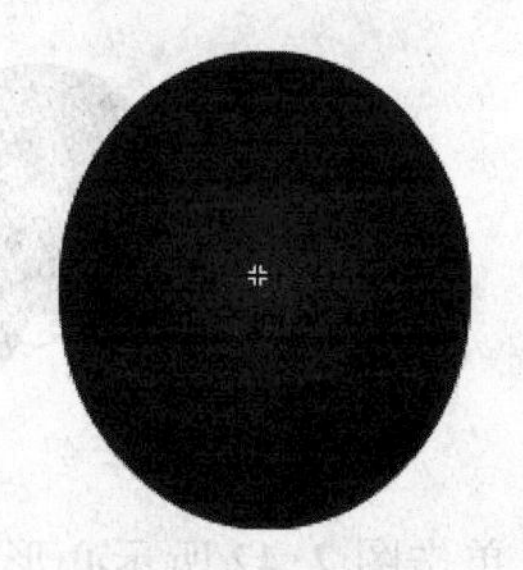

图 2-37　绘制椭圆

提个醒

每个元件都有自己的时间轴和舞台，以及多个层。在元件编辑状态下绘制的图形要尽量放到舞台的中心位置。图中十字的位置即为元件舞台的中心位置。

（3）选择工具箱的“渐变变形工具”，在椭圆上单击，可以看到在它周围出现多个控制手柄，用来调整渐变的位置、大小、方向和焦点等。首先向外拖动右侧第二个手柄，使它的渐变区域增大。再向下拖动渐变中心点，使渐变中心点向下移动，如图 2-38 所示。

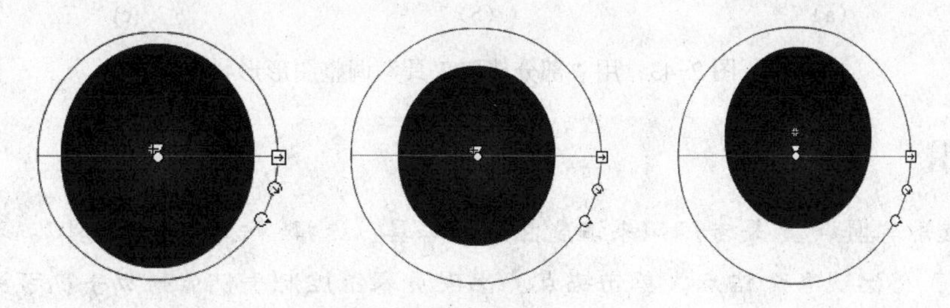

图 2-38　调整渐变填充

（4）创建名为“头部”的新层，使用工具箱的“椭圆工具”绘制一个笔触颜色为无、填充色为黑色的小圆。单击箭头工具，选中该圆，按 Ctrl+D 键，直接复制该圆，然后把它往旁边水平拖动一段位置，如图 2-39 所示。

取消选择，两个圆成为一个对象。选择“部分选取工具”，在该对象边缘上单击，将出现多个锚点。如图 2-40 所示。

图 2-39　水平拖动

图 2-40　出现多个锚点

在本例中我们先将图形下面中心位置的锚点直接向下拖动，得到如图 2-41 所示图形。

单击图 2-41 中两个圆圈所圈锚点，直接按 Delete 键，将这两个锚点删除，得到如图 2-42 所示图形。

图 2-41　拖动锚点

图 2-42　删除锚点

单击图 2-42 所示心形底部的锚点，出现贝塞尔控制手柄，按下 Alt 键，向左上方拖动右侧手柄，如图 2-43（a）所示。这样做的目的是使右侧轮廓线有个向里的弧度。得到图 2-43（b）所示形状。同样按下 Alt 键，向右上方拖动左侧手柄，使两侧形成同样的弧度线。最终调整成如图 2-43（c）所示形状。

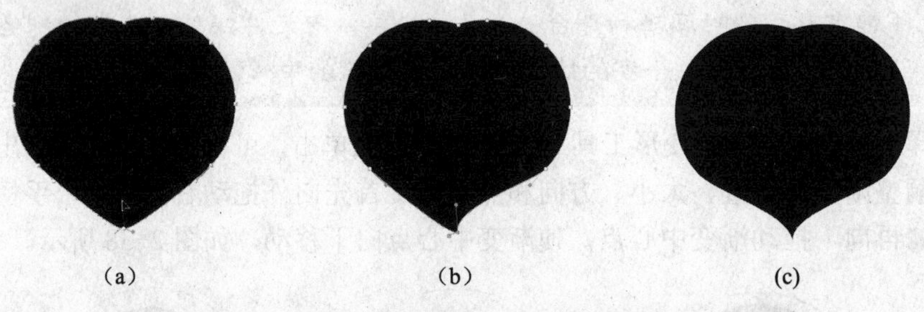

（a）　（b）　（c）

图 2-43　用“部分选取工具”调整图形形状

小知识

“部分选取工具” 是专门用来调整曲线的工具，选择“部分选取工具”，单击曲线或图形的边缘，将出现各个锚点。单击锚点，出现贝塞尔控制手柄，拖动手柄可更改曲线或图形。

接着用“任意变形工具”将该图压扁，按 Ctrl+D 键直接复制，将复制的图形拖到一边，执行“修改”→“变形”→“垂直翻转”命令，将复制的图形垂直翻转 180°。再用任意变形工具将它缩小一定比例，放在刚才的图形之上，如图 2-44（a）所示。接着用“选择工具”将两侧略微向里调整。这样一个简单的瓢虫头部就完成了，如图 2-44（b）所示。

（a）　（b）

图 2-44　瓢虫头部

（5）分别创建名为“眼睛”和“斑点”的新图层，选择工具箱的“刷子工具”，使用不同的刷子形状和大小，画上瓢虫的眼睛和斑点。其时间轴和舞台效果如图 2-45 所示。

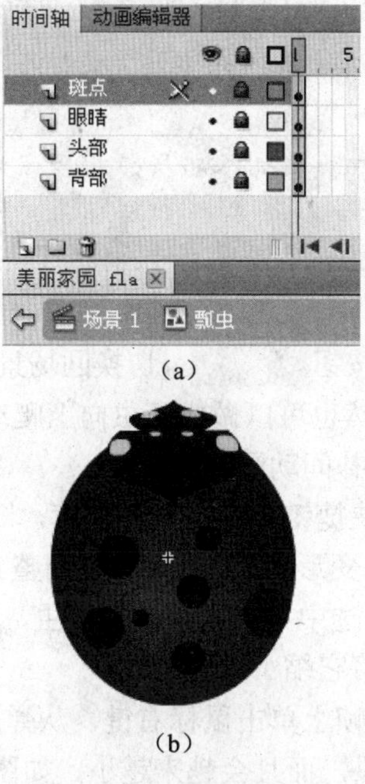

（a）

（b）

图 2-45　瓢虫的图层结构

提个醒

不同的对象要放在不同的图层上，这样既方便编辑和修改，还能产生空间层次感。

（6）创建名为“足部”的新层，单击图层名选中该层，将其拖动到最底层。这样做的目的是将瓢虫的足部放在最下面。使用“刷子工具”绘制如图 2-46（a）所示的形状。将它再复制 5 个，使用“任意变形工具”改变其位置和大小，放到合适的位置。接着用“刷子工具”绘制两个小小的触角。至此，一只可爱的小瓢虫就画好了，如图 2-46（b）所示。

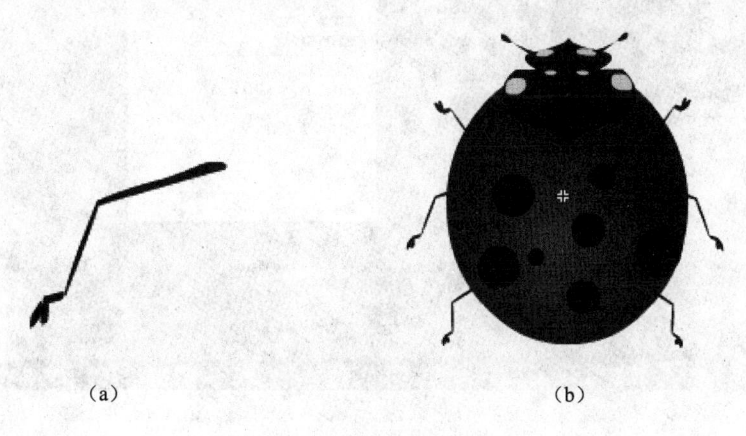

（a）　（b）

图 2-46　绘制瓢虫的足部

小知识

图层就好像是透明的纸，可以一层层地向上叠加。用户可以在每张“纸”上绘制和编辑图形，而不会影响其他图层上的对象。多个图层叠放在一起可以形成丰富的视觉效果，体现了影片的空间感。

单击插入图层按钮，可方便地插入新层。对于没用的图层，可选中后单击时间轴下面的删除图层按钮，即可将它删除。

2．创建瓢虫爬动的运动动画

单击时间轴上方的“场景 1”按钮，切换回场景 1。现在我们来做瓢虫向树上爬动的效果。用前面所学的逐帧动画当然也可以做成瓢虫向上爬动的效果，但是制作过程过于繁琐。现在来学习一种更简单的方法，即补间动画。

新建名为“瓢虫”的图层，按快捷键 F11 打开元件库，将元件库里的瓢虫拖到大树的根部，作为它爬动的起始位置。用“任意变形工具”将它调整到合适大小。然后选择时间轴的第 126 帧，按快捷键 F6 插入关键帧。选中第 126 帧上的瓢虫，将它拖到树上，作为它爬动的结束位置。选择任意变形工具，再将它缩小一些。

在第 1 帧和第 126 帧之间任意帧上单击鼠标右键，从弹出的快捷菜单中选择“创建传统补间”，即可产生瓢虫向上爬动的效果，而且会越来越小，如图 2-47 所示。

图 2-47　创建传统补间动画

提个醒

在 Flash 中，大多数简单的运动动画都可以使用传统补间动画来产生。它可以实现运动对象的直线运动。补间用来产生两个关键帧之间的过渡图像，用户只需要创建一个起始关键帧，一个结束关键帧，即可通过补间来产生中间的过渡过程。

上面我们制作的是瓢虫沿直线的运动。可是在现实生活中，有很多运动是弧线或不规则的，如月亮绕着地球转、鸟儿空中飞、鱼儿在水里游等，那么在 Flash 中能不能做出这种效果呢？

答案是肯定的。我们还以此任务为例，让瓢虫沿曲线来运动。

3．创建瓢虫沿任意路径运动的动画

（1）创建运动引导层

选择“瓢虫”层，右键单击“瓢虫”图层，在弹出的快捷菜单中选择“添加传统运动引导层”，如图 2-48 所示。可以在该层上面多出一个名为“引导层”的图层，如图 2-49 所示。

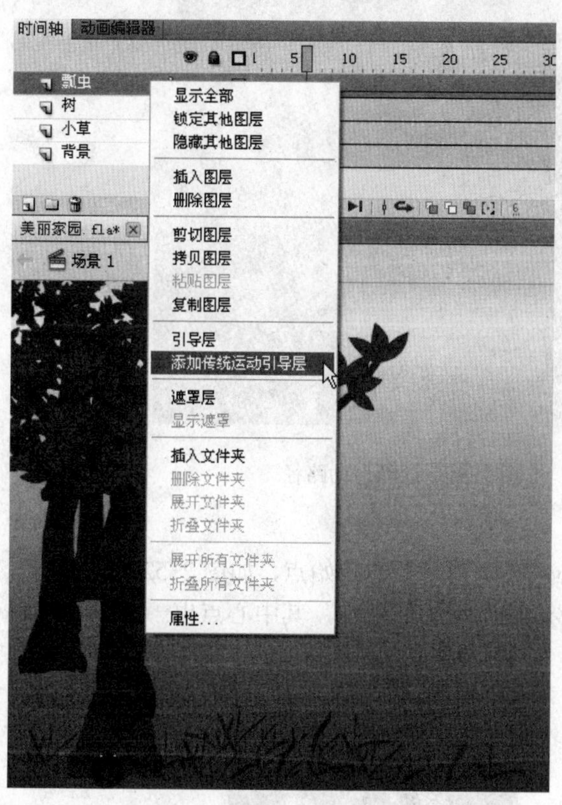

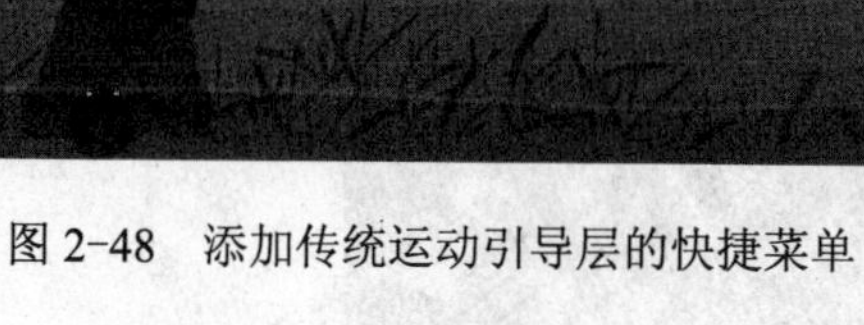

图 2-48　添加传统运动引导层的快捷菜单

图 2-49　添加传统运动引导层

（2）制作引导线

选择引导层，使用“铅笔工具”，在选项栏内设置铅笔模式为“平滑”，如图 2-50 所示。这样画出来的线条会是比较平滑的曲线。在沿树干到树枝的地方画一条波浪线作为瓢虫爬动的路径，如图 2-51 所示。

小知识

铅笔工具的三个相关选项如下。

伸直：选择“伸直”，适宜绘制规则线条，绘制的线条会转换成曲折直线、抛物线、矩形等规则线条中最接近的一种线条，如 、 。

平滑：选择“平滑”可以绘制平滑曲线。

墨水：选择“墨水”，适宜绘制接近徒手绘制的线条。

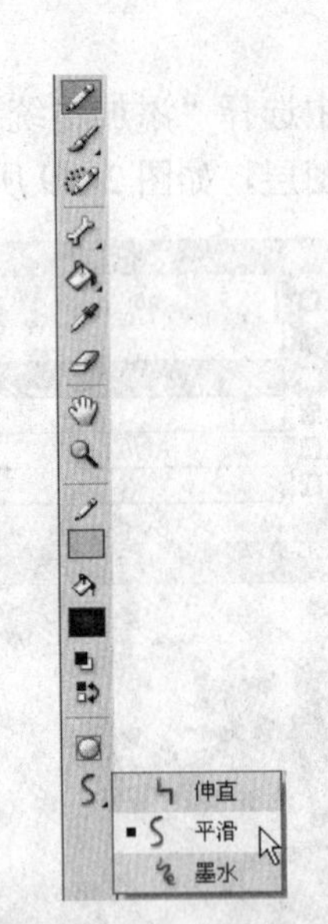

图 2–50 “铅笔工具”选项

图 2–51　绘制运动路径

（3）对齐中心点

单击瓢虫层的第 1 帧，拖动瓢虫将它的中心点吸附到路径的起始点，如图 2–52（a）所示。同样，选中瓢虫层的第 126 帧，拖动瓢虫将其移动到路径的结束点，其中心点也一定要吸附到路径上，如图 2–52（b）所示。

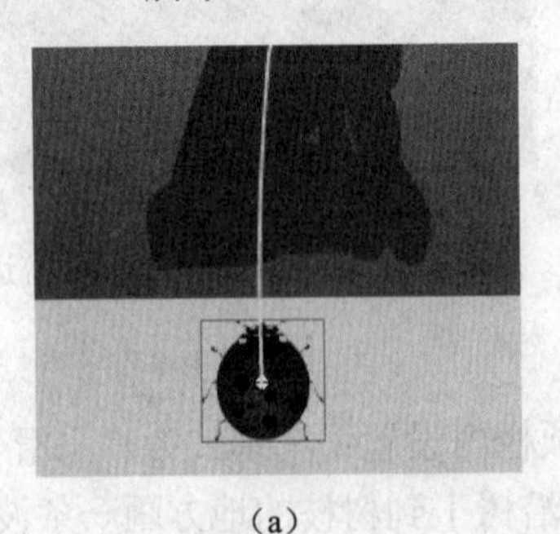

（a）

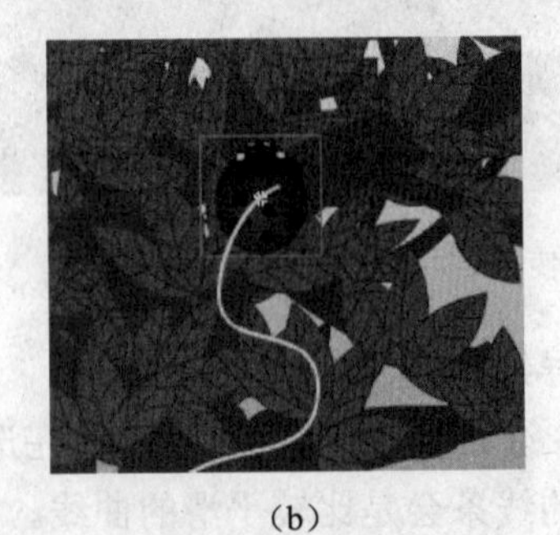

（b）

图 2–52　对齐中心点

提个醒

实现引导路径动画的关键是设置元件的起始位置和结束位置，一定要让元件的中心点吸附到路径的开始和结束的端点位置，否则无法引导。

在做引导路径动画时，按下工具箱中的贴紧至对象按钮，可以使“对象吸附于引导线”的操作更容易成功。当拖动对象时，对象的中心点会自动吸附到路径的端点上。

按 Ctrl+Enter 键，测试影片，可以看到瓢虫沿着画好的曲线向上爬动。只是爬动过程中的角度比较机械。选中“属性”面板中的“调整到路径”复选框，可以让瓢虫随着引导线的弯曲角度而改变自己的角度，如图 2-53 所示。

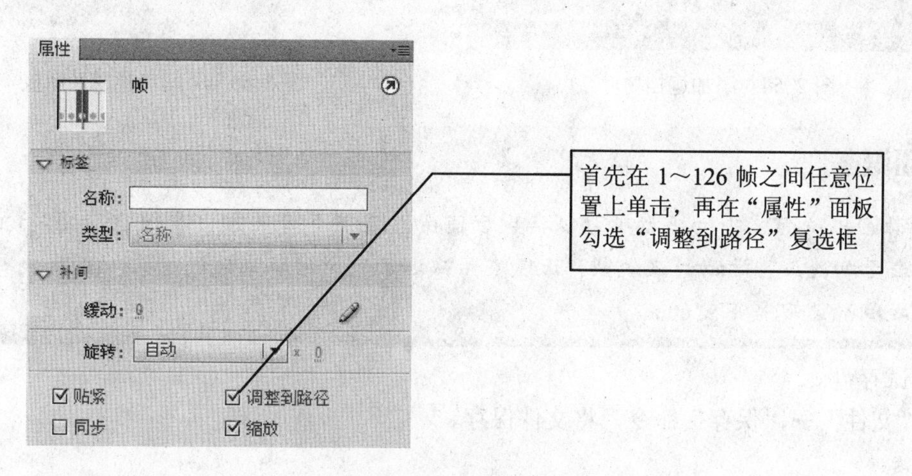

图 2-53　选择“调整到路径选项”

小知识

将一个或多个层链接到一个运动引导层，使一个或多个对象沿着一条路径运动的动画称为“引导路径动画”。利用这种动画形式可以实现一个或多个元件沿着曲线或不规则路线运动。

4．添加遮挡的树叶

为了让效果更加逼真，我们可以在引导层上再添加一个图层，上面放几片树叶，形成瓢虫从树叶下爬过的效果。其时间轴和舞台效果如图 2-54 所示。

5．瓢虫以加速度向树上爬行

瓢虫刚开始向树上爬时，速度比较慢，后来速度逐渐加快。若想实现此效果，需要在补间动画的“属性”面板中设置“缓动”项。

选择 1～126 帧之间任意一帧，打开“属性”面板，在“缓动”项后，直接拖动滑杆，设置其值为“–100”，其“属性”面板如图 2-55 所示。负值表示为加速度，对象运动会越来越快。

图 2-54 添加遮挡树叶

图 2-55 补间动画属性面板

小知识

补间动画属性面板中的缓动项可以实现动画的加速度和减速度，其值在-100～100 之间，负值表示加速度，运动越来越快；正值表示减速度，运动越来越慢。默认值为 0，表示补间动画之间的速率是不变的。

6．测试存盘

执行“文件”→“保存”命令，将文件保存。

三、举一反三

1．结合本项目前两个任务中举一反三的例子，完成小鸭在水面游过的动画。其效果图如图 2-56 所示。

2．制作飞机沿任意路径飞行的效果，如图 2-57 所示。

图 2-56 从湖面游过的小鸭

图 2-57 沿曲线飞行的飞机

3．制作飞机沿圆环运动的动画效果。可参照举一反三中的实例“沿环形路径运动的飞机.fla”（操作提示：如果使用封闭的轮廓线做路径，将无法确定物体的走向。所以需要用“橡皮擦工具”在封闭的路径上擦出一个小缺口，让缺口的两个端点分别作为运动的起点和终点。）。

4．制作小鸟从林中飞过的动画。效果如图 2-58 所示。

5．利用补间动画制作皮球的下落、弹起过程。效果如图 2-59 所示。

图 2-58　飞鸟从林中飞过

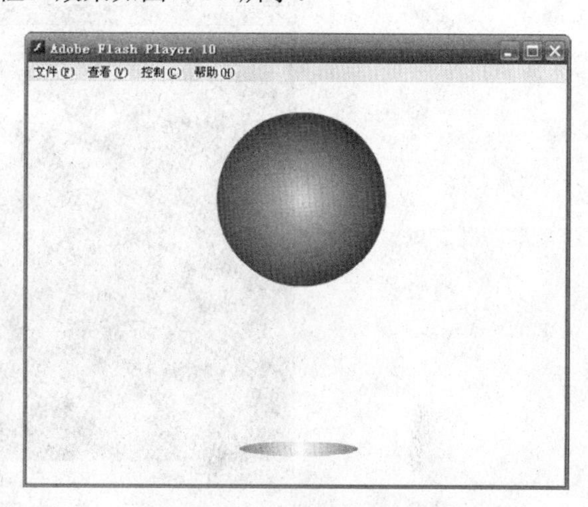

图 2-59　皮球的下落和弹起

任务四　利用新型补间创建瓢虫的运动动画

一、任务描述

从 Flash CS 4.0 开始，有了新型补间。借助新型补间，可以方便地实现动画。还以上面创建 1～126 帧之间的补间动画为例。

二、自己动手

1．创建新型补间

新建名为“瓢虫”的图层，按快捷键 F11 打开元件库，将元件库里的瓢虫拖到大树的根部，作为它爬动的起始位置。用“任意变形工具” 将它调整到合适大小。然后选择时间轴的第 126 帧，按快捷键 F5 插入帧。然后选中 1～126 帧中任一帧，单击鼠标右键，从弹出的快捷菜单中选择“创建补间动画”，如图 2-60 所示。时间轴上 1～126 帧之间呈现淡蓝色的底。接着选中第 126 帧，将舞台上的瓢虫拖至大树的顶部，两者之间出现一条虚线，并且时间轴上第 126 帧处的帧变为实心菱形，如图 2-61 所示。这个关键帧是由 Flash 自动生成的，这也是新型补间的特征。

直接按 Enter 键，在当前场景中测试影片，可以看到瓢虫沿着虚线慢慢向树上爬去。

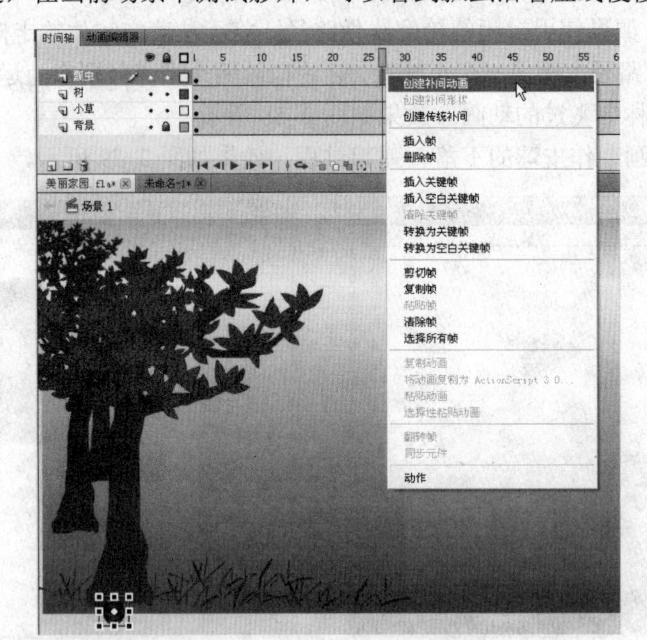

图 2-60 创建新型补间动画

2．使用“选择工具”或“部分选择工具”编辑运动路径的形状

舞台上的虚线代表的就是对象运动的路径。它在影片播放时是不会显示的。单击补间目标实例，以便运动路径在舞台中变得可见。使用选择工具 拖动运动路径的任何线段，将路径改为弯曲的形状，如图 2-62 所示。

图 2-61 新型补间的时间轴

提个醒

在调整新型补间的运动路径时，不要直接在路径上单击来选择线段，那样就是整个路径的移动。

选择部分选取工具 在路径上单击，关键帧点将显示为运动路径上的控制点（小菱形），在小菱形上单击，出现贝塞尔手柄，通过拖动手柄，可对路径进一步微调，如图 2-63 所示。

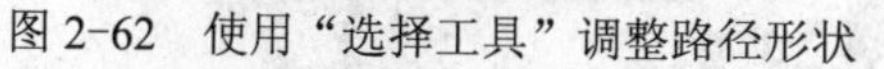

图 2-62　使用“选择工具”调整路径形状

图 2-63　使用“部分选取工具”调整路径形状

小知识

在 Flash CS5 中创建动画时有“创建补间动画、创建补间形状、创建传统补间”三个选项。其中创建补间形状、创建传统补间和以前版本的创建补间方法一样。而创建补间动画就是创建新型补间。下面是新型补间动画与传统补间之间的区别与操作方法。

补间动画和传统补间的区别应该是在 Flash CS4 才出现的，如果你用过比较早的 Flash 版本，应该会比较习惯使用传统补间。

传统补间动画的顺序是，先在时间轴上的不同时间点定好关键帧（每个关键帧都必须是同一个元件），之后，在关键帧之间选择传统补间，则动画就形成了。这个动画是最简单的点对点平移，就是一个元件从一个点匀速移动到另外一个点。没有速度变化，没有路径偏移（弧线），一切效果都需要通过后续的其他方式（如缓动选项，引导线）来调整。

新出现的补间动画则是在舞台上画出一个元件以后，不需要在时间轴的其他地方再创建关键帧。直接在那层上选择补间动画，会发现那一层变成蓝色，之后，你只需要先在时间轴上选择你需要加关键帧的地方，再直接拖动舞台上的元件，就自动形成一个补间动画了。并且这个补间动画的路径是可以直接显示在舞台上，并且是有调动手柄可以调整的。

一般在用到 Flash CS5 的 3D 功能时候，会用到这种补间动画。一般做 Flash 项目，还是用传统的比较多，因为它更容易把控，而且，传统补间比新补间动画产生的存储空间要小，放在网页里，更容易加载。

最主要的一点是，传统补间是两个对象生成一个补间动画，而新的补间动画是一个对象的两个不同状态生成一个补间动画，这样，你就可以利用新补间动画来完成大批量或更为灵活的动画调整。

3．测试存盘

按 Ctrl+Enter 键，观察动画效果，如果满意，执行“文件”→“保存”命令，将文件保存。

三、举一反三

利用新型补间将本项目进一步补充完善，加上炊烟和太阳升起的效果，其最终效果如图 2-64 所示。

图 2-64　美丽家园效果图

项　目　三

节日贺卡

项目概述

本项目完成的节日贺卡动画效果是：节日夜晚，月光下的雪地渐渐出现了可爱的雪人和美丽的圣诞树，夜空中“祝节日快乐”五个彩色的文字依次显现；雪人手中托着的心形正缓缓变成英文的 YOU 字，象征着“爱你”的含意；圣诞树在月光的照耀下闪闪发光。不知不觉轻盈的雪花从天空纷纷扬扬地落下。效果如图 3-1 所示。

图 3-1　节日贺卡效果图

项目构思

制作节日贺卡，重要的是将要表达的主题思想和 Flash 中的基础知识相结合。在动画制作中，经常会用到绘制图形工具、画笔工具、填充工具、遮罩工具，所以学习这些内容是必不可少的，也是至关重要的。本项目的重点就是图形绘制工具、遮罩图层、影片属性面板的应用，当然还要配合 Flash 中的基础知识。

根据节日贺卡效果图和主题思想，将整个项目分为几个情节来完成。

情节一：利用绘制图形工具、画笔工具、填充工具，来绘制圣诞树和雪人。

情节二：绘制祝福语横幅，祝福语渐渐出现的动画效果。“祝节日快乐”5 个彩色字会逐一映入眼帘。

情节三：制作下雪的效果，雪花的运动主要运用了路径动画，增加雪花的数量运用了元件的复制和变形，雪花的效果是通过添加 “模糊” 滤镜实现的。

项目实施

本项目通过圣诞树和雪人、祝福语和横幅、雪花的简单制作三个任务来完成。

任务一　圣诞树和雪人

一、任务描述

圣诞树和雪人从无到有，从小到大逐渐出现，雪人手里有一个“心”形与单词“YOU”的变换动画，圣诞树上有闪烁的星光。本任务中闪烁的灯光用到了逐帧动画，红色心形与“YOU”的转换用到了形状补间动画，逐渐出现的圣诞树和雪人用到了动作补间动画，三种动画的结合完成效果如图 3-2 所示。

图 3-2　任务一效果图

二、自己动手

1. 创建影片文档

首先新建一个 Flash 影片文档，宽 550 像素、高 400 像素，背景为深蓝色（也可用其他颜色，主要是为了在制作元件过程中让其更加醒目），其他参数值为默认，保存为“节日贺卡”。

2．制作“圣诞树”影片剪辑

（1）执行“插入”→“新建元件”命令，或按 Ctrl+F8 键，建立名称为“圣诞树”影片剪辑类元件。

（2）使用“矩形工具”制作三角形和一个小长方形。用“Ctrl”配合箭头工具在三角形下边拉出角，如图 3-3 所示，并使用“选择工具”适当调整三角形和长方形的形状，如图 3-4 所示，让其更像树冠和树干。填充绿色（颜色值为 #336600）和树干颜色（颜色值为 #663300）。

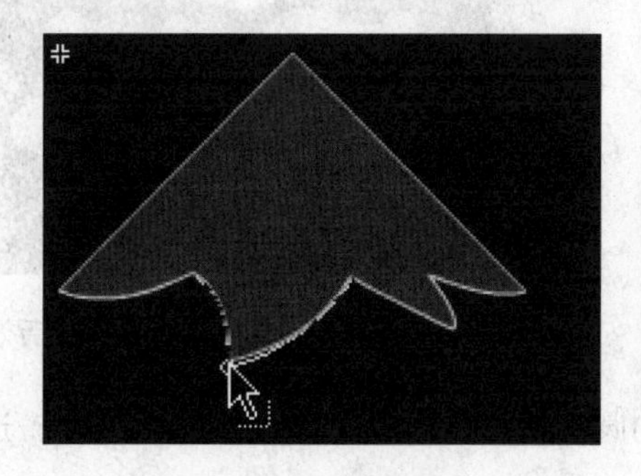

图 3-3　绘制树冠

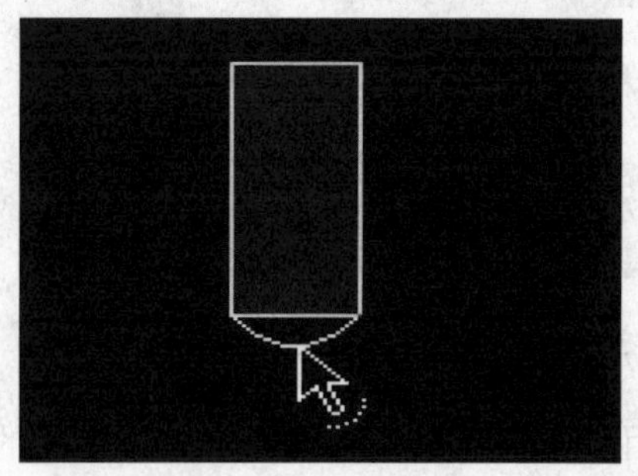

图 3-4　绘制树干

（3）用“刷子工具”沿三角形下方边线绘制白色（颜色值为 #ffffff）的粗边，如图 3-5 所示。

（4）使用“选择工具”，选中修改好的三角形，按下键盘上的 Ctrl 键，拖动修改好的三角形，复制两次，把它们和长方形拼成圣诞树，用任意变形工具的扭曲功能为拼合好的圣诞树适当变形。如图 3-6 所示。

图 3-5　绘制白雪

图 3-6　拼合圣诞树

（5）选中“多角星形工具”，单击其属性面板“工具设置”项中的“工具选项”按钮，将其中样式设为“星形”，边数为“5”，如图 3-7 所示，确定后，设置填充色为黄色（颜色值为#ffff00），绘制黄色的五角星，并与圣诞树进行拼合。效果如图 3-8 所示。

（6）用刷子工具绘制圣诞树上的彩灯。在绘制时可适当改变刷子工具的“刷子模式”和“刷子大小”。再对树的形状进行适当的修饰。如图 3-9 所示。

3．制作“雪人”影片剪辑

（1）执行“插入”→“新建元件”命令，或按 Ctrl+F8 键，建立名称为“雪人”的影片剪辑类元件。

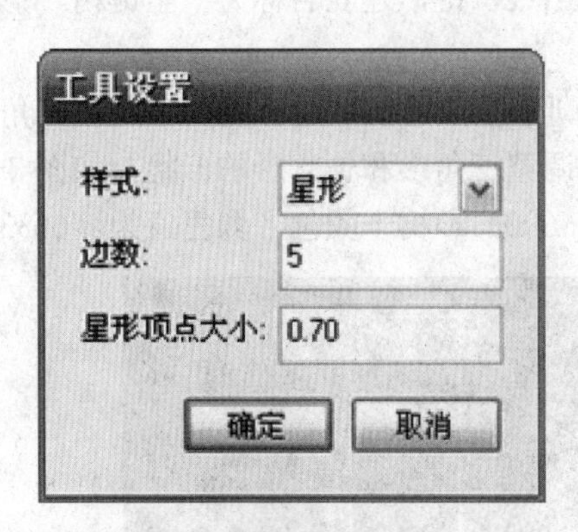

图 3-7　多角星形工具设置参数

图 3-8　绘制黄色星形并拼合后效果

（2）使用“椭圆工具”制作两个大小不同的圆形，填充白色（颜色值为# ffffff），选中椭圆，将其拼合为雪人的身体。如图 3-10 所示。

图 3-9　修饰圣诞树后效果

图 3-10　绘制雪人身体

（3）用“刷子工具”绘制雪人的眼睛（颜色值为# 000000）、鼻子（颜色值为# ff0000）。如图 3-11 所示。

（4）用“刷子工具”绘制雪人的手（颜色值为# ff0000）。如图 3-12 所示。

图 3-11　绘制雪人眼睛和鼻子

图 3-12　绘制雪人的手

（5）用“椭圆工具”制作一个红色（颜色值为# ff0000）的圆形，并用“选择工具”将其变形为雪人的帽子。如图 3-13～图 3-15 所示。

图 3-13　绘制椭圆形

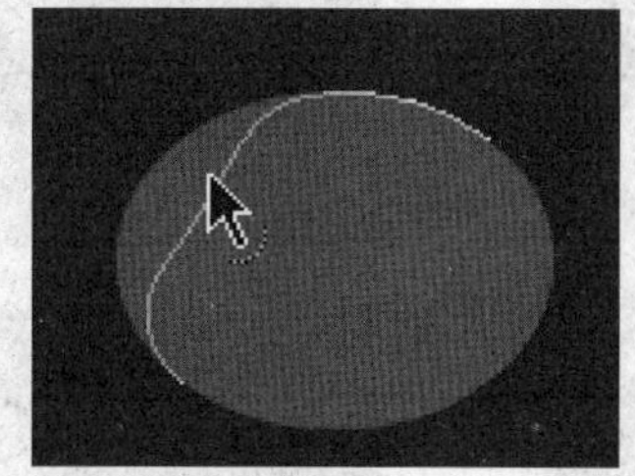

图 3-14　使用选择工具变形（步骤一）

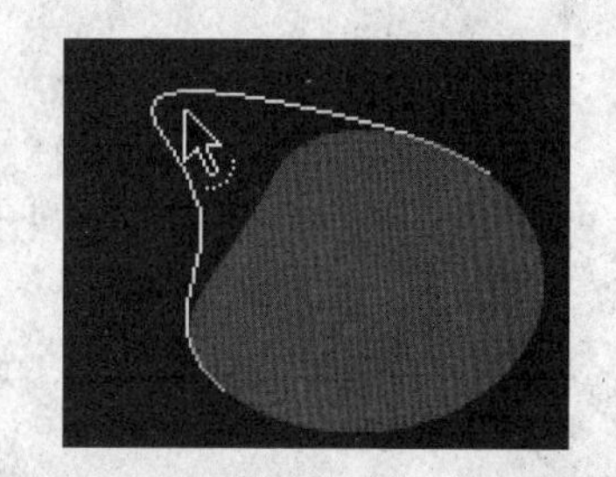

图 3-15　使用选择工具变形（步骤二）

（6）用“选择工具”调整各图形位置和大小，组成完整的雪人元件。如图 3-16 所示。

图 3-16　调整后雪人元件效果

4．制作“心”影片剪辑

（1）执行“插入”→“新建元件”命令，或按 Ctrl+F8 键，建立名称为“心”的影片剪辑类元件。

（2）在影片剪辑元件的编辑状态下，选择图层 1 的第 1 帧。选中“钢笔工具”，在属性面板设置“笔触颜色”为黄色，绘制“心”形轮廓，用部分选取工具调整心的形状。用选中某个锚点进行移动，或同时按住 Alt 键用调整调节杆，进一步调整心的形状。绘制过程如图 3-17～图 3-20 所示。

小知识

注意钢笔工具用法：选择钢笔工具，单击鼠标产生一个锚点，在场景其他位置不断地单击鼠标，就可以绘制出相应的路径。如果想结束路径的绘制，双击最后一个锚点即可。如果按住鼠标拖动可绘制曲线。

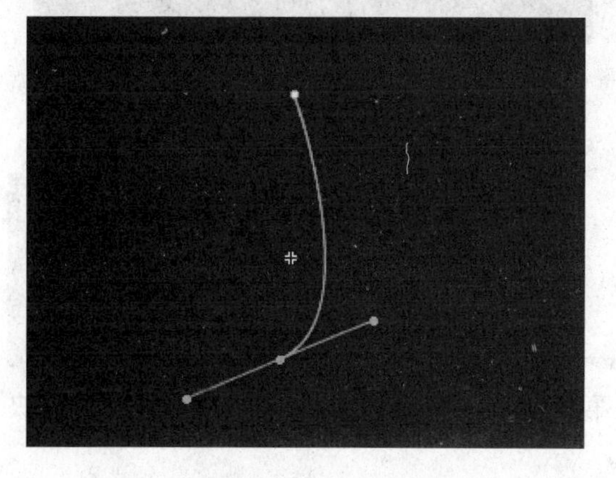

图 3-17　钢笔工具绘制心形（步骤一）

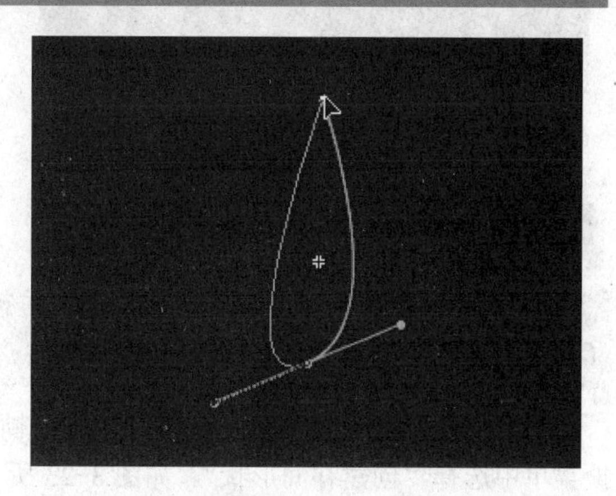

图 3 18　钢笔工具绘制心形（步骤二）

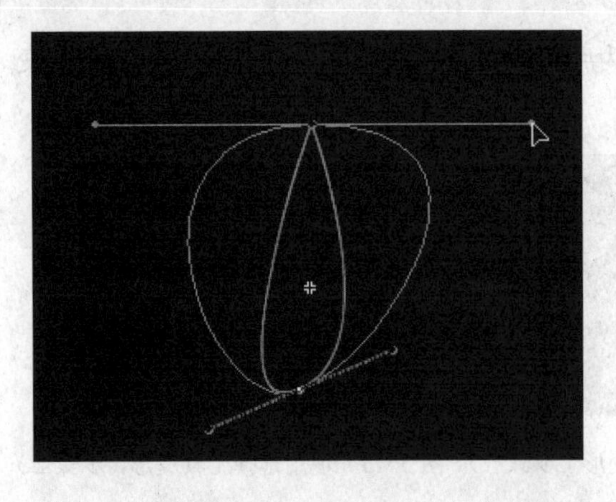

图 3-19　钢笔工具绘制心形（步骤三）

图 3-20　钢笔工具绘制心形（步骤四）

（3）使用“颜料桶工具”为心形填充红色（颜色值为# ff0000）。删除黄色边线。如图 3-21 所示。

（4）选择图层 1 的第 48 帧，按 F7 键插入空白关键帧，用文本工具输入“YOU”，字号自定义，应与图形“心”大小相似，颜色为绿色（颜色值为#00ff00）。选中“YOU”，按 Ctrl+B 键将其分离为单个字母“Y”、“O”、“U”。使用“选择工具”选中三个字母，适当移动字母使其有微小的重叠。如图 3-22 所示。

图 3-21　为心形填充红色

图 3-22　分离移动后元件效果

提个醒

创建形状补间动画时如果使用了图形元件、按钮、文字，必须先将其分离（按快捷键 Ctrl+B），才能创建形状补间动画。

（5）创建形状补间动画。选择该层第 1 帧至第 48 帧之间任意一帧，右击鼠标，在弹出快捷菜单中选择“创建补间形状”。如图 3-23 所示。

小知识

形状补间动画的属性面板上的参数：

“缓动”选项：单击“0”边滑动拉杆按钮上下拉动滑杆可调整数值或填入具体的数值，数值范围–100～100；数值在 1～–100 之间时，动画运动的速度从慢到快。在 1～100 的正值之间时，动画运动的速度从快到慢。默认情况下（数值为 0），动画运动的速度是不变的。

“混合”选项：有两项供选择“角形”选项，适合于具有锐化转角和直线的混合形状。

“分布式”选项：创建的动画中间形状比较平滑和不规则。

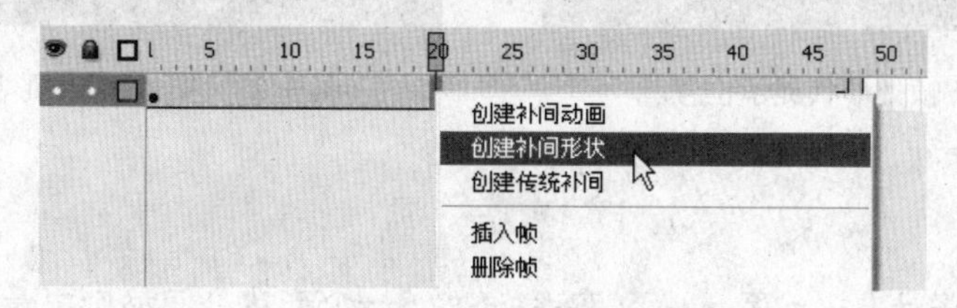

图 3-23　创建补间形状

（6）若该形状补间动画创建成功，各关键帧之间就用浅绿色背景的黑色箭头表示，如图 3-24 所示。

（7）测试影片剪辑。按 Enter 键或“控制”—“播放”，可在影片剪辑编辑状态看动画效果。

小知识

形状补间动画可以实现两个形状之间的变化，或一个形状大小、位置、颜色等的变化，其变化的灵活性介于逐帧动画和动作补间动画之间。

（8）选择第 1 帧，再执行“修改”→“形状”→“添加形状提示”命令或按 Ctrl+Shift+H 键，可见到心形内出现一个有英文字母“a”的红色圆圈，如图 3-25 所示。

图 3-24　补间形状成功后时间轴效果

图 3-25　添加形状提示

（9）移动形状提示。将光标移到形状提示“a”上，按住鼠标左键将其移动到心形的左上角，如图 3-26 所示，选择第 48 帧，“YOU”字上有一个相同的形状提示，将其移到“YOU”字的右下边缘，这时红色的形状提示变为绿色，如图 3-27 所示。

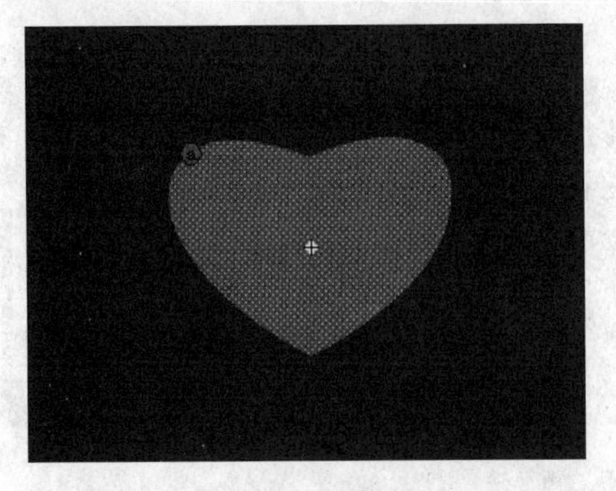

图 3-26　第 1 帧处形状提示位置

图 3-27　第 48 帧处形状提示位置

提个醒

形状提示包含字母（从 a 至 z）可以连续添加，一个形状补间动画中最多能添加 26 个。形状提示要在形状的边缘才能起作用，否则形状提示圆圈的颜色不变。

（10）连续添加形状提示。选择第 1 帧，用同样的方法为心形添加其他 2 个形状提示，并拖动到相应的位置，如图 3-28 所示。

（11）选中第 48 帧，拖动形状提示到相应位置，如图 3-29 所示。

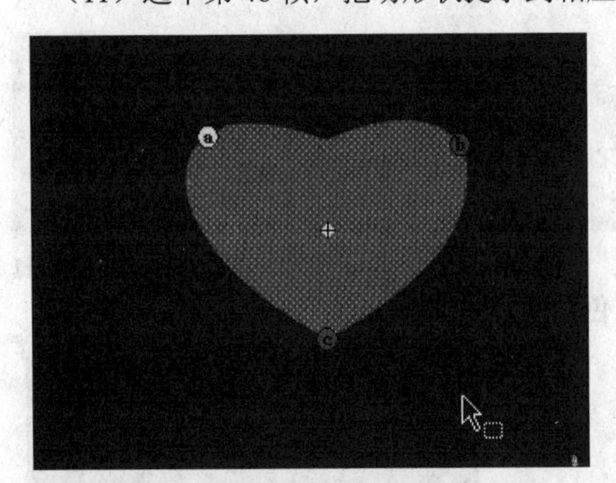

图 3-28　第 1 帧处形状提示位置

图 3-29　第 48 帧处形状提示位置

小知识

要删除所有的形状提示，执行“修改”→“形状”→“删除所有提示”命令，要删除单个形状提示，单击右键，执行“删除提示”命令。

要查看形状提示，执行“视图”→“显示形状提示”命令。

（12）选中第 72 帧，按下 F5 键，添加帧，实现变形动画后单词“YOU”的停留效果。

（13）测试影片剪辑。按 Enter 键或“控制”—“播放”，可在影片剪辑编辑状态看动画效果。

提个醒

创建形状补间动画，不是必须添加形状提示，要根据变形的需要而定。

必须先创建形状补间动画才能添加形状提示。

（14）打开“库”面板，双击“雪人”元件，在影片剪辑元件的编辑状态下，新建图层，并将“心”元件拖放到新建图层中，并适当调整其大小和位置。合成效果如图 3-30 所示。

5．制作“星光”影片剪辑

（1）执行“插入”→“新建元件”命令，或按 Ctrl+F8 键，建立名称为“星光”的影片剪辑类元件。

（2）利用“多角星形”工具制作六角星（星形顶点大小为：0.10），为其填充半透明的黄色（无笔触颜色、填充色为 Alpha 值 50%的黄色#ffff00）。如图 3-31 所示。

图 3-30　雪人元件拼合后效果

图 3-31　绘制六角星

（3）分别在 5 帧和 10 帧处插入关键帧。

（4）利用“变形”面板改变 5 帧和 10 帧处元件的大小、角度和透明度，使其产生逐帧动画效果。如图 3-32 所示。

（5）测试影片剪辑。按 Enter 键或“控制”—“播放”，可在影片剪辑编辑状态看动画效果。

（6）打开“库”面板，双击“圣诞树”元件，在影片剪辑元件的编辑状态下，新建图层，将影片剪辑元件“星光”多次拖入新图层，让其到“圣诞树”图案的上方，并适当调整各个元件的大小、角度和透明度。如图 3-33 所示。

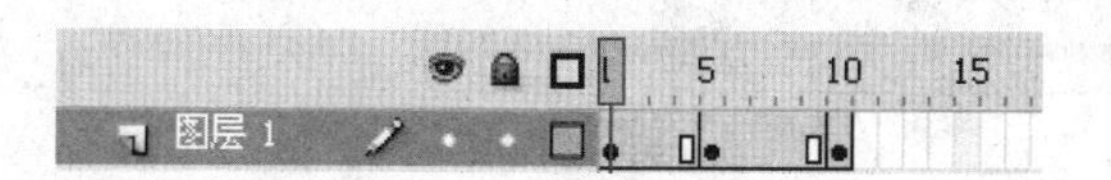

图 3-32　在第 5 帧和第 8 帧处插入关键帧

图 3-33　圣诞树元件拼合后的效果

6．在场景 1 中拼合元件

（1）切换回“场景 1”， 执行“文件”→“导入” →“导入到舞台”命令，或按 Ctrl+R 键，导入背景图片“BG.jpg”。为防止误操作，可按下锁定按钮将图层 1 锁定。如图 3–34 所示。

（2）新建两个图层，依次命名为“雪人”和“树”。

（3）打开“库”面板，将“雪人”和“圣诞树”元件分别拖放到对应图层中，并适当调整其大小和位置。如图 3–35 所示。

图 3–34 导入背景图后舞台效果

图 3–35 放置元件后舞台效果

（4）选中“雪人”层和“树”层的第 120 帧，按下 F6 键插入关键帧。选中“图层 1”的第 120 帧，按下 F5 键插入帧。如图 3–36 所示。

（5）使用“任意变形”工具，将“雪人”层和“树”层第 1 帧处的元件进行缩小变形，并在属性面板中设置元件的 Alpha 值为“0”。如图 3–37 所示。

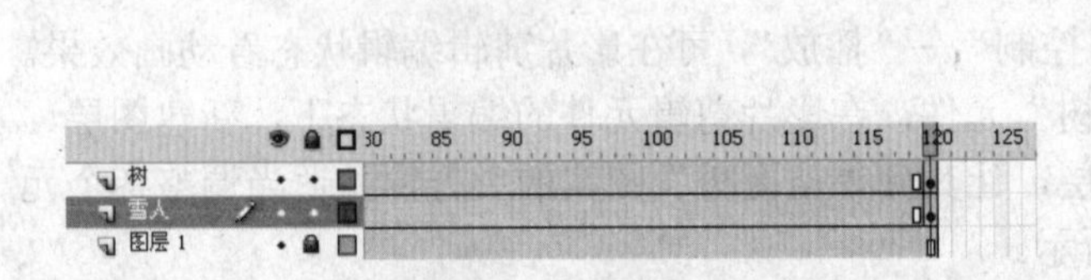

图 3–36 在时间轴上填加关键帧和普通帧

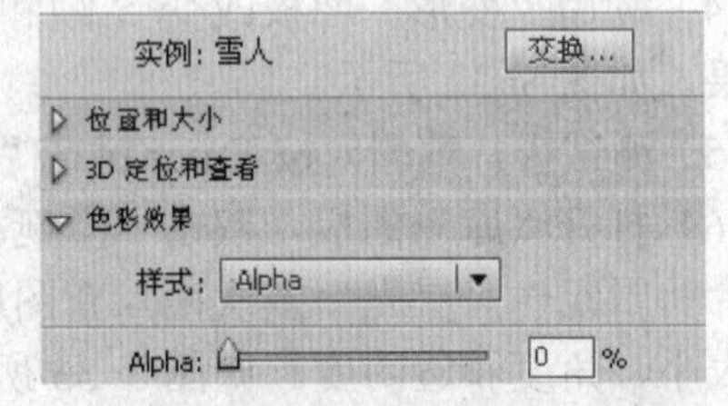

图 3–37 改变雪人元件和树元件的透明度

（6）依次选择“雪人”层和“树”层的第 1 帧至 120 帧之间的任意一帧，右击鼠标，在弹出的快捷菜单中选择“创建传统补间”，为场景中的“雪人”和“圣诞树”元件建立从小到大渐显的动画。如图 3–38 所示。

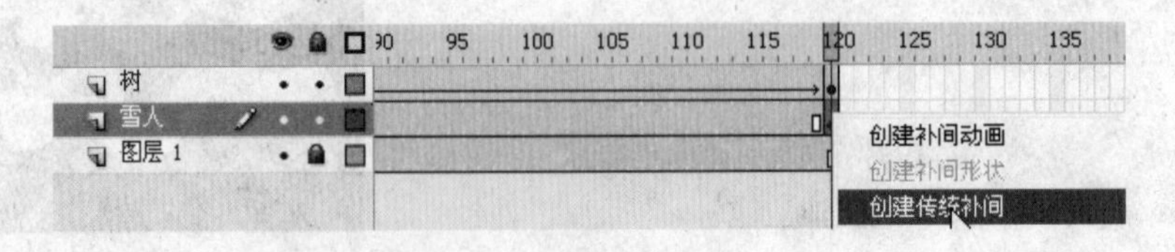

图 3–38 创建传统补间动画

（7）测试动画。按下 Ctrl+Enter 快捷键，测试拼合后的整体效果，并保存文件。

三、举一反三

1．制作用一根彩棒点击几个礼品盒的动画，当每次彩棒接触礼品盒后，礼品盒发出闪闪的星光。彩棒的动画为动作补间动画，参考“举一反三”文件夹中“点亮星光.fla”文件。

2．制作月亮由圆变缺的动画。在形状补间动画中添加两个控制点，使月亮的变化过程更加自然合理。参考“举一反三”文件夹中“月亮圆缺.fla”文件。

3．制作雪人一部分一部分逐渐出现的动画。使用边插入关键帧边绘制雪人的方法制作逐帧动画。参考“举一反三”文件夹中“堆雪人.fla”文件。

任务二　祝福语横幅

一、任务描述

本任务将完成一个祝福语渐渐出现的动画效果。“祝节日快乐”5 个彩色字会逐一映入眼帘，本动画效果中用到了形状补间动画，还有一个新知识——遮罩动画。本任务完成效果如图 3-39 所示。

图 3-39　任务二效果图

二、自己动手

1．打开影片文档

打开任务一中的“节日贺卡”影片文档。

2．创建“祝福语”影片剪辑元件。

（1）执行“插入”→“新建元件”命令，或按 Ctrl+F8 键，建立名称为“祝福语”的影片剪辑类元件。

（2）利用刷子工具创建横幅衬底图形。如图 3-40 所示。

（3）使用“选择工具”，选中横幅衬底图形，按下 Ctrl 键，进行拖动，复制选中图形，并改变两个衬底的颜色（颜色值为#006600 和#999999）。如图 3-41 所示。

图 3-40　绘制衬底图形

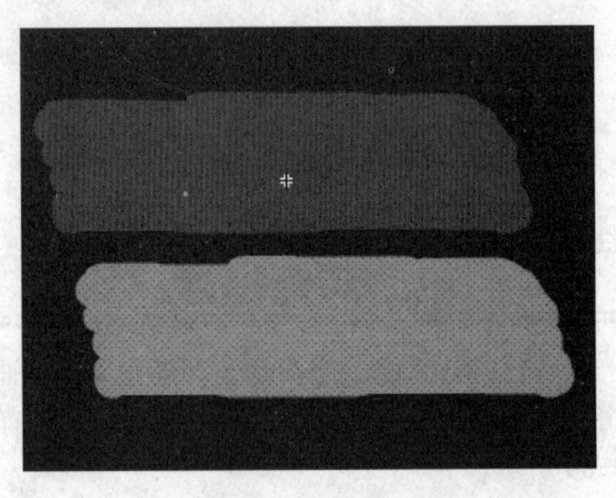

图 3-41　复制衬底图形

（4）将两个衬底图形错位叠放在一起。摆放衬底使其出现阴影效果。如图 3-42 所示。

（5）新建图层 2，输入“祝节日快乐”字样，设置合适的字体、颜色和大小。如图 3-43 所示。

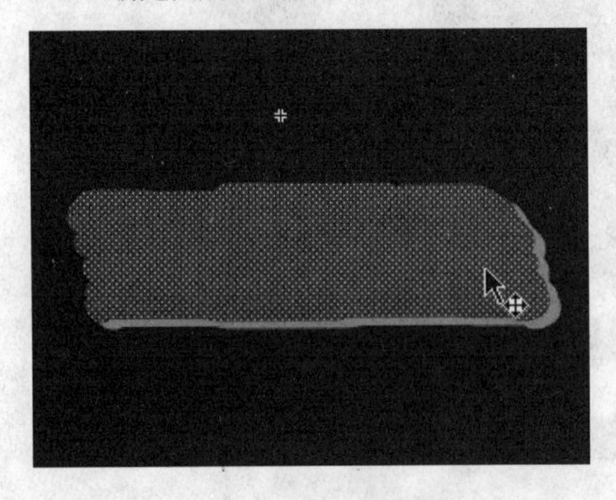

图 3-42　制作阴影效果

图 3-43　输入文字

（6）在图层 2 上方新建图层 3，使用“矩形工具”在衬底左侧绘制一个长方形，长方形高度略大于衬底图形的高度。如图 3-44 所示。

（7）选中图层 3 的第 72 帧，按 F6 键插入关键帧。使用“任意变形工具”改变该帧处长方形的宽度，使长方形覆盖整个衬底图形。如图 3-45 所示。

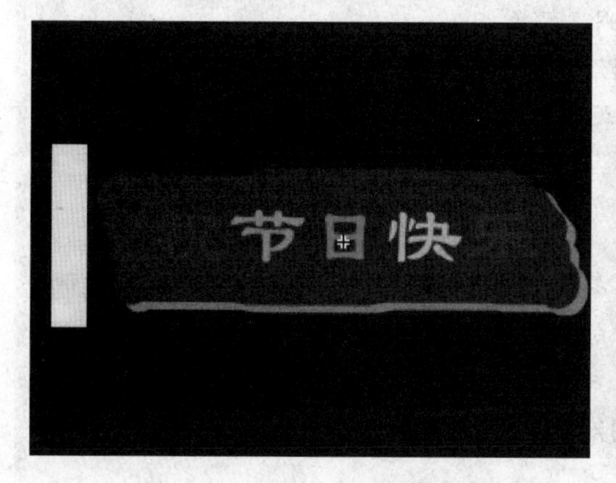

图 3-44　在左侧绘制长方形

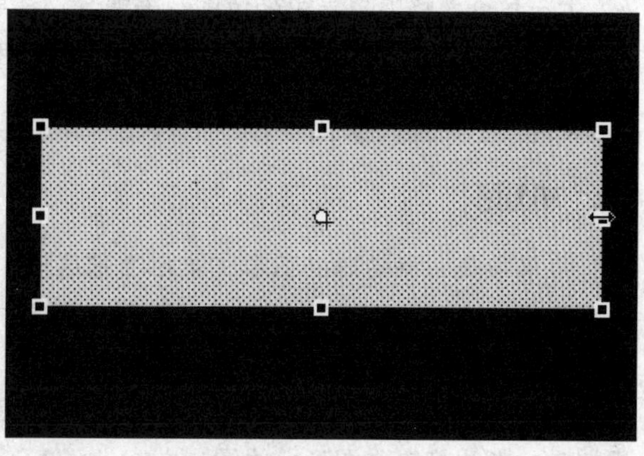

图 3-45　改变长方形图案大小

（8）创建形状补间动画。选择图层 2 第 1 帧至第 72 帧之间任意一帧，右击鼠标，在弹出快捷菜单中选择“创建补间形状”。如图 3-46 所示。

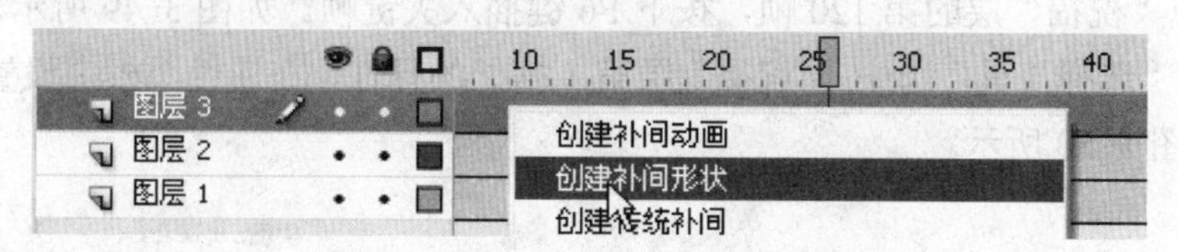

图 3-46　创建补间形状

（9）同时选中图层 1、2、3 的第 144 帧，按 F5 键插入帧。使形状补间动画完成后，各图形依然显示一段时间。如图 3-47 所示。

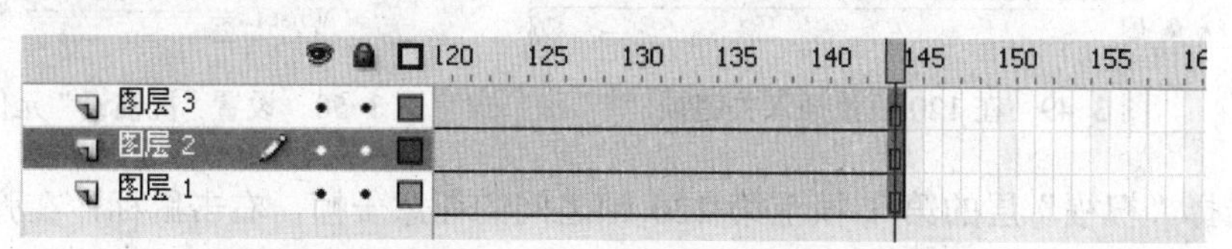

图 3-47　在第 114 帧处插入帧

（10）右击图层 3 的名称，在快捷菜单中选择“遮罩层”选项，设置图层 3 为遮罩层和同时位于图层 3 下方的图层 2 变为被遮罩层。图层 2 和图层 3 自动锁定。如图 3-48 所示。

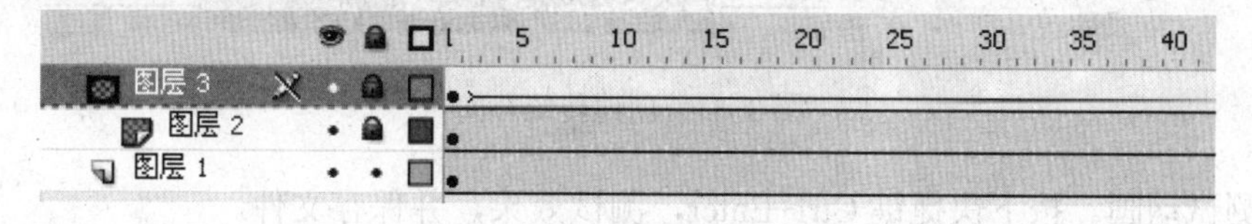

图 3-48　创建遮罩层

（11）测试影片剪辑。按 Enter 键或“控制”—“播放”，可在影片剪辑编辑状态看动画效果。

提个醒

锁定遮罩层和被遮罩层，才可显示遮罩效果。

Flash 会忽略遮罩层中的位图、渐变色、透明、颜色。

可以在遮罩层、被遮罩层中分别或同时使用形状补间动画、动作补间动画、路径动画等动画手段，从而使遮罩动画变成一个可以施展无限想象力的创作空间。

小知识

遮罩层是一种特殊的图层，使用遮罩层后，其下方的图层内容将通过一个类似窗口的对象显示出来，而这个窗口的形状就是遮罩层中的对象的形状。换句话说，遮罩层决定被遮罩层中的显示内容，以出现动画效果。

遮罩层中的内容可以是按钮、影片剪辑、图形、位图、文字等，在被遮罩层，可以使用按钮、影片剪辑、图形、位图、文字、线条。

（12）切换回“场景 1”，新建图层，并将其命名为“祝福”，打开“库”面板，将“祝福语”影片剪辑拖到场景中的合适位置。

（13）选中“祝福”层的第 120 帧，按下 F6 键插入关键帧。如图 3-49 所示。

（14）使用“选择工具”选中 “祝福”层第 1 帧处的元件，在属性面板中设置元件的 Alpha 值为“0”。如图 3-50 所示。

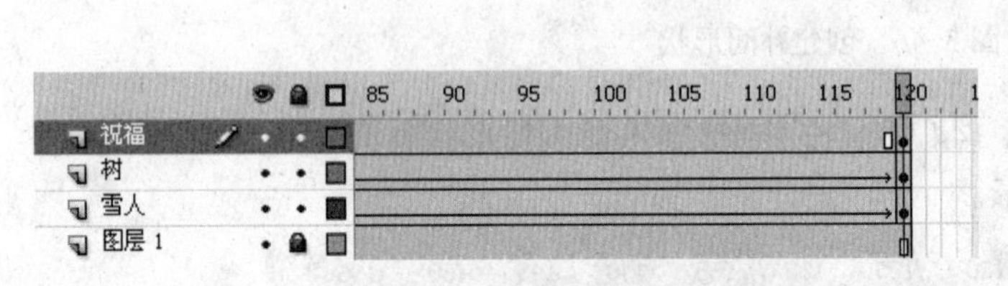

图 3-49　在 120 帧处插入关键帧

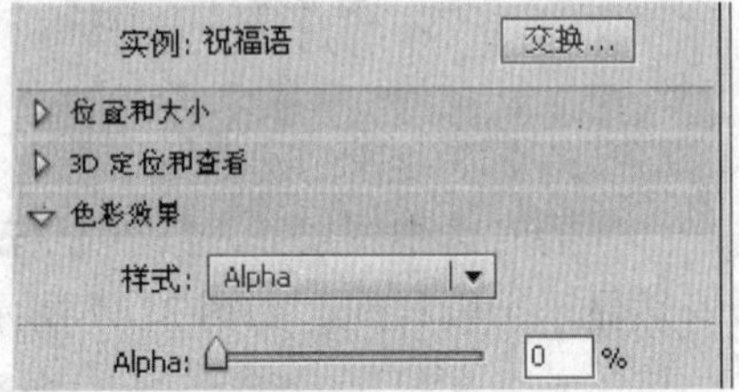

图 3-50　设置“祝福语”元件 Alpha 值为 0

（15）选择“祝福”层的第 1 帧至第 120 帧之间的任意一帧，右击鼠标，在弹出的快捷菜单中选择“创建传统补间”，为场景中的“祝福语”元件建立渐显的动画。如图 3-51 所示。

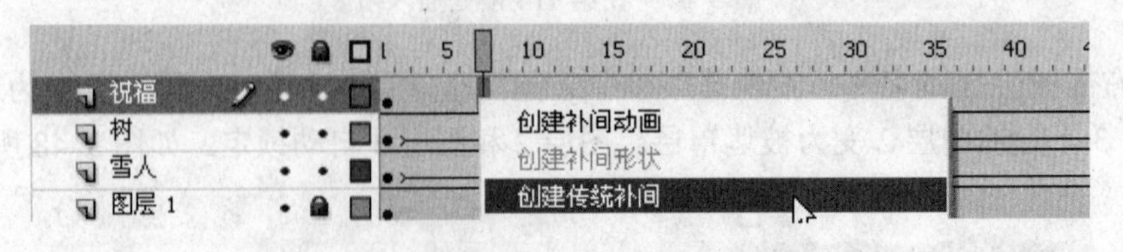

图 3-51　创建传统补间

（16）测试动画。按下快捷键 Ctrl+Enter，测试效果，并保存文件。

三、举一反三

1．制作正在播放节目的电视机的动画。变化的屏幕图案用遮罩层实现，全部动画共三层，电视框位于层 1；导入的图片位于层 2，并设置传统补间动画；矩形图案位于层 3，设置为遮罩。参考“举一反三”文件夹中“电视机.fla”文件。

2．制作旋转消失的花朵。创建运动补间动画时设置旋转和 Alpha 属性，参考“举一反三”文件夹中“消失的花朵.fla”文件。

3．制作自上而下出现的牌匾。参考“举一反三”文件夹中“牌匾.fla”文件。

任务三　雪花的简单做法

一、任务描述

本任务使用一种简单基本的方法制作飘落的雪花效果，雪花的运动主要运用了路径动画，增加雪花的数量运用了元件的复制和变形，雪花的效果是通过添加 “模糊” 滤镜实现的，完成效果如图 3-52 所示。

图 3-52　任务三效果图

二、自己动手

1．打开影片文档

打开任务一中的“节日贺卡”影片文档。

2．创建名为“雪花”的影片剪辑

（1）执行“插入”→“新建元件”命令，或按 Ctrl+F8 键，建立名称为“雪花”的影片剪辑类元件。

（2）利用“刷子”工具制作一个简单的雪花图形，如图 3-53 所示。

（3）使用“选择工具”选中绘好的雪花图形，执行“修改”→“转换为元件”命令，或按 F8 键并将其变为名为“雪片”的影片剪辑元件。

（4）选中“雪片”，在属性面板中设置“色彩效果”的样式为“Alpha”，其值为 50%，并为 “雪片”添加“模糊”滤镜，滤镜参数如图 3-54 所示。

图 3-53　绘制雪花图形

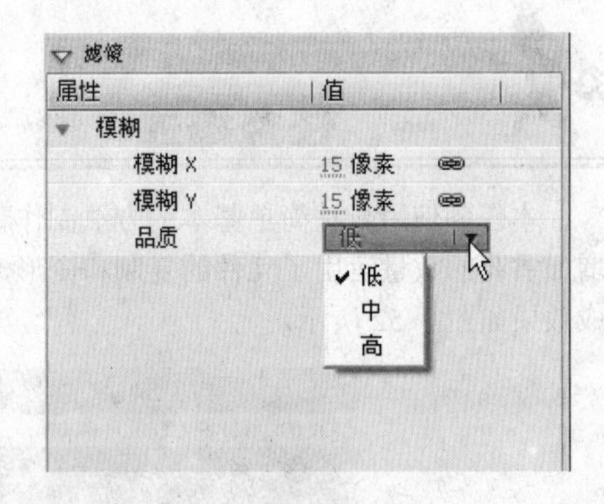

图 3-54　添加模糊效果

小知识

模糊滤镜可以柔化对象的边缘和细节。改变“模糊 X”和“模糊 Y”值可达到设置模糊的宽度和高度的目的，选择模糊的品质。设置为“高”可产生高斯模糊效果，设置为“低”可以实现最佳的动画播放性能。

（5）在影片剪辑元件的编辑状态下，选择“雪片”所在层的第 200 帧，按 F6 键插入关键帧。适当放大 200 帧处“雪片”元件，并在属性中设置其 Alpha 值为“0”。

（6）创建传统补间动画。选择雪片所在层第 1 帧至第 200 帧之间任意一帧，右击鼠标，在弹出快捷菜单中选择“创建传统补间”。在帧属性面板中设置“旋转”项数值为：“顺时针”、“×2”。帧属性参数如图 3-55 所示。

（7）右击“图层 1”，在弹出的快捷菜单中选择“添加传统运动引导层”，为“图层 1”添加引导层。如图 3-56 所示。

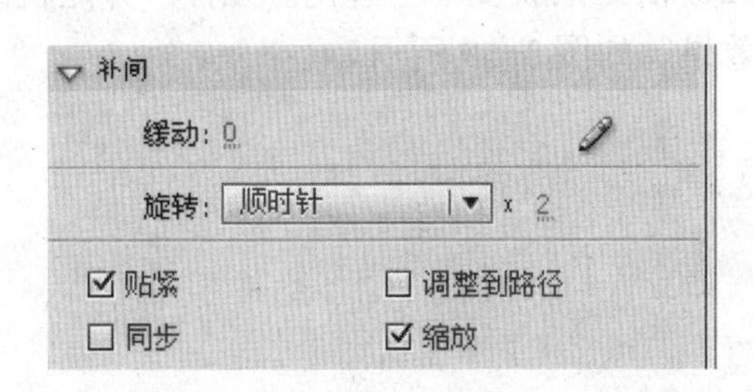

图 3-55　设置顺时针旋转效果

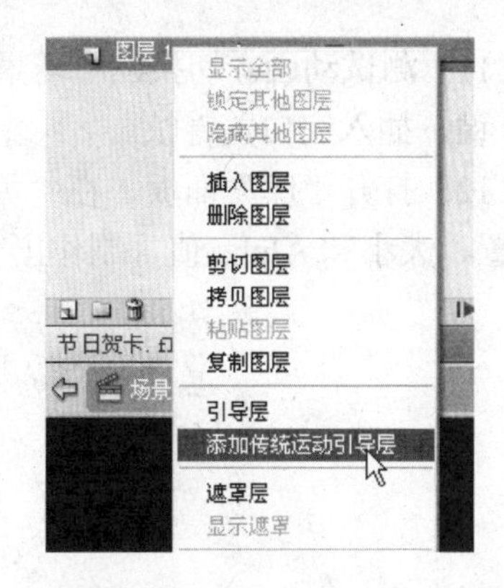

图 3-56　添加传统运动引导层

（8）选中“引导层”，使用“铅笔工具”由上至下绘制一条较长的平滑曲线。在绘制过程中可使用“缩放工具”辅助操作。如图 3-57 所示。

（9）选中“图层 1”，使用“选择工具”拖动第 1 帧和第 200 帧处的元件，使其分别与平滑曲线的首、尾端进行吸附。如图 3-58 所示。

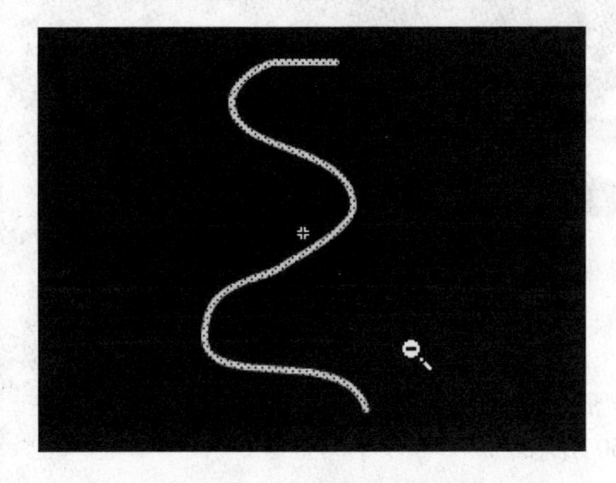

图 3-57　绘制引导线

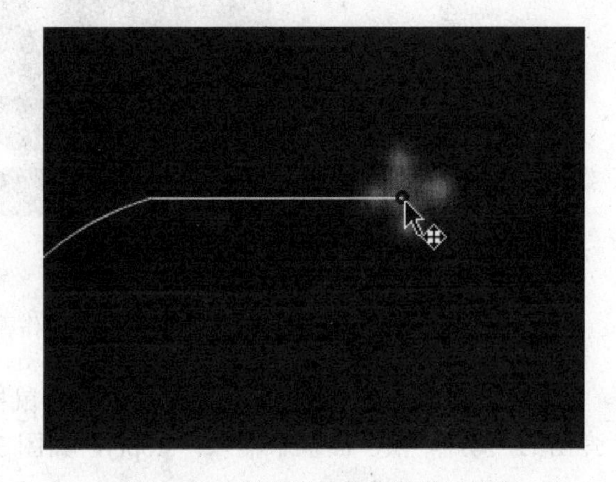

图 3-58　拖动元件使其吸附引导线

（10）测试影片剪辑。按 Enter 键或“控制”—“播放”， 可在影片剪辑编辑状态看动画效果。

提个醒

引导线允许重叠，但在重叠处的线段必须保持圆润，让 Flash 能辨认出线段走向，否则会使引导失败。

小知识

传统补间动画的属性面板上与路径运动有关的参数：

“调整到路径”，选中该选项，可以让元件随着引导线的弯曲角度而改变自己的角度，此项功能主要用于路径运动。

“贴紧”选项可以将其中心点附加到运动路径，此项功能主要也用于引导线运动。

（11）测试动画。切换回“场景 1”，再次新建图层，并将其命名为“雪花”，在 120 帧处按下 F7 键，插入空白关键帧。

（12）打开“库”面板，在“雪花”层的第 120 帧处拖放多个“雪花”元件，并随机改变其位置、大小和 Alpha 值，制作出雪花满天飞的效果。如图 3-59 所示。

图 3-59　制作雪花满天飞的效果

（13）在“雪花”层的第 120 帧处右击鼠标，在弹出的快捷菜单中选择“动作”选项。在弹出的“动作-帧”面板中输入：stop()，如图 3-60 所示。

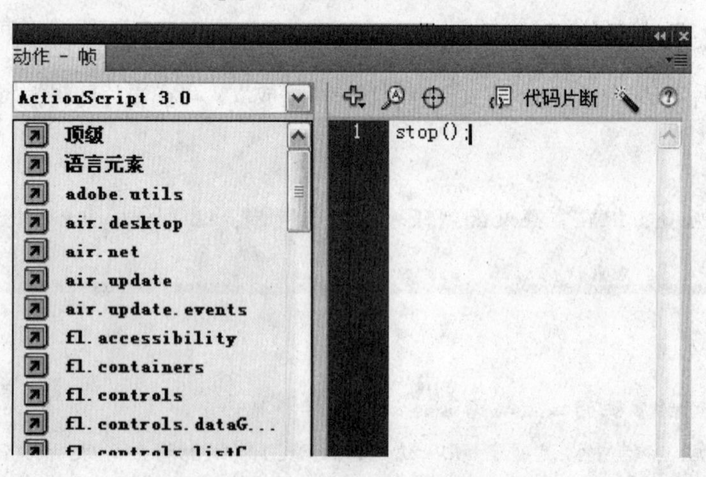

图 3-60　添加“停止”帧动作

（14）按下快捷键 Ctrl+Enter，测试动画效果，并保存文件。

三、举一反三

1．制作一个由高处落下的小球的弹跳动画。参考“举一反三”文件夹中“弹跳小球.fla”文件。

2．制作一个导弹飞行的引导动画，引导线为螺旋形，用路径运动知识，路径为螺旋形曲线，因其有交叉部分，应画平滑，否则引导会失败。参考“举一反三”文件夹中“导弹飞行.fla”文件。

3．制作蝴蝶飞舞的动画，利用引导层引导蝴蝶飞舞的路线。背景使用导入的图片。参考“举一反三”文件夹中“蝶恋花.fla”文件。

项 目 四

请珍惜每一滴水

随着近些年来水资源的逐渐匮乏，节约用水是每个公民的责任和义务。除了亲力亲为采用节水措施外，还要尽我们所能做好社会宣传，提醒每一位公民珍惜每一滴水。让我们用所学的知识为珍惜水资源贡献一份力量吧。

项目概述

本项目主要是利用社会提倡的“请珍惜每一滴水”为主导思想，制作一个公益广告，效果如图 4-1、图 4-2 所示。

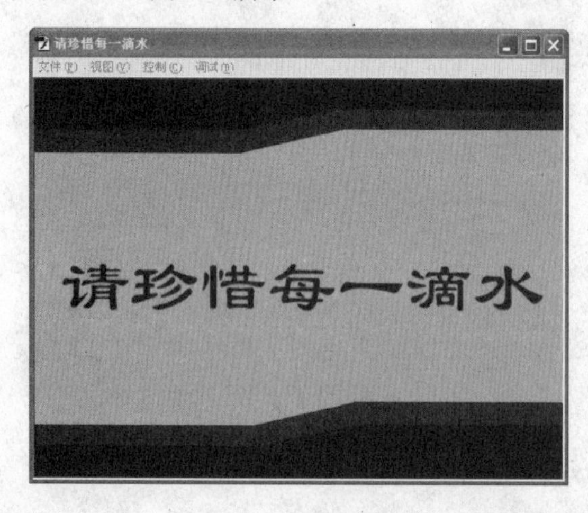

图 4-1　影片效果图

图 4-2　影片效果图

项目构思

制作一个公益广告，重要的是将要表达的主题思想和 Flash 中的基础知识相结合。在动画制作中，经常会出现人物的元素，所以学习人物的行走动作是必不可少的，也是至关重要的。本项目的重点就是在人物行走动作的设计，当然还要与 Flash 中的基础知识配合。

本项目根据主题思想“请珍惜每一滴水”，设计了一个小故事情节：在一个公共场所的水池边，一位女士优雅地走来，在洗过手后，没有将水管关紧，就走了，水一滴一滴地流着，这时一个小男孩蹒跚走来，踮起脚跟将水管关紧，转身离开了。此项目的情节虽然非常简单， 但主题思想表达得很清晰。

根据主题思想，我们将整个项目分为几个情节来完成。

情节一：序幕拉开，标题“请珍惜每一滴水”文字的出现。

情节二：公共场所水池边，一位女士优雅地走来，当她洗过手后，水管没有关紧，就转身离开了，水还一滴一滴地流着。

情节三：一个小男孩蹒跚着走来，看到水管没有关紧，就踮起脚尖把水管关紧后离开了。

项目实施

本项目通过片头序幕、人物设计、情节结合、结束语四个任务来完成。

任务一　片 头 序 幕

一、任务描述

在影片开始的时候，上下幕拉开，标题像是用笔写出的一样一笔一笔地出现，如图 4-3 所示。这是一个遮罩动画，又是一个逐帧动画，原理简单但是操作比较麻烦，尤其是对笔画交叉的文本进行掩盖的操作，这就需要我们在实际操作的时候要有足够的耐心，而且要非常注意操作中的细节，才能达到好的效果。

图 4-3　任务效果图

二、自己动手

1．创建影片文档

首先新建一个 Flash 影片文档，并在“属性”选项卡中设置宽度为 550px，高度为 400px，颜色为浅蓝色（#99ccff）,保存影片为“请珍惜每一滴水”。

2．创建序幕

（1）单击“矩形工具”，在其下的“参数”选项卡中设置填充颜色为深蓝色，笔触为“无”，在舞台上绘制一个矩形，宽度为550px，高度为400px，矩形大小通过“属性”选项卡进行设置，如图4-4所示。

（2）执行“视图”→“标尺”命令，使标尺显示出来，参照标尺利用工具栏中的“直线工具”，在矩形的中间位置进行分割，分别将上下两部分右键转化为图形元件，保存并命名为“窗1”和“窗2”，如图4-5所示。

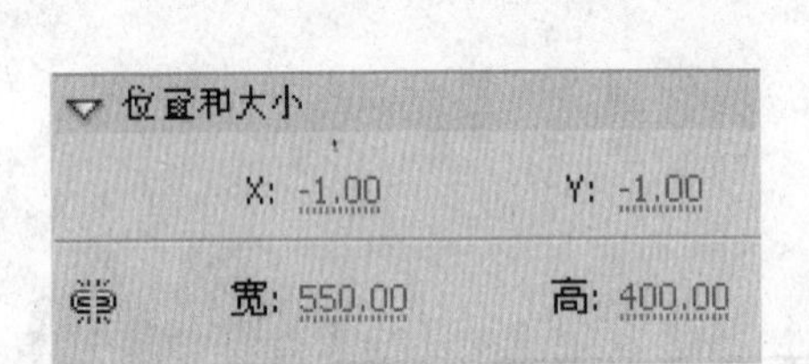

图4-4 “属性”选项卡设置矩形大小

图4-5 创建“窗1”和“窗2”图形元件

打开图形元件 “窗 1”和“窗 2”，为它们做修饰，在下边框用直线画出填充范围，单击“颜料桶工具”为其填充颜色，最后将多余的直线删掉。如图4-6所示。

图4-6 为图形元件做修饰

提个醒

在为矩形进行分割时，要注意将直线画得长一些，两端最好超过矩形的范围，这样能达到分割的效果，不然矩形还是一个整体。做填充颜色时，要注意必须是封闭的空间。

（3）在场景1中，将图层1命名为“窗1”，打开库，将图形元件“窗1”拖放到图层“窗1”中，添加图层命名为“窗2”，将图形元件“窗2”拖放到图层“窗2”中，并调整位置，上下对齐，中间不要有缝隙。

为图层“窗1”和“窗2”的第10帧、第20帧、第30帧、第50帧添加关键帧，并为第20帧、第30帧、第50帧中的窗移动位置，为第10～20帧，第20～30帧，第30～50帧创建传统补间，效果是碰撞两次再打开，效果如图4-7所示，图层面板如图4-8所示。

图 4-7 “窗”关闭的状态

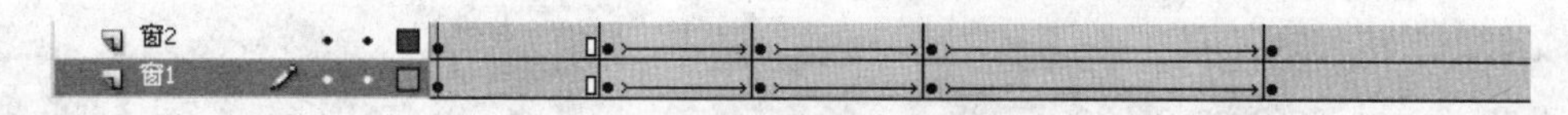

图 4-8 “窗”的图层面板

3．制作写字动画

（1）在场景 1 中添加图层，分别命名为“手写字”和“遮罩”，选择“手写字”图层，在第 50 帧处添加关键帧，使用“文字工具” T 在居中的位置输入“请珍惜每一滴水”，字体为隶书，字体大小为 72，颜色为深蓝色。选择第 230 帧处，按 F5 键插入帧，并锁定本图层。如图 4-9 和图 4-10 所示。

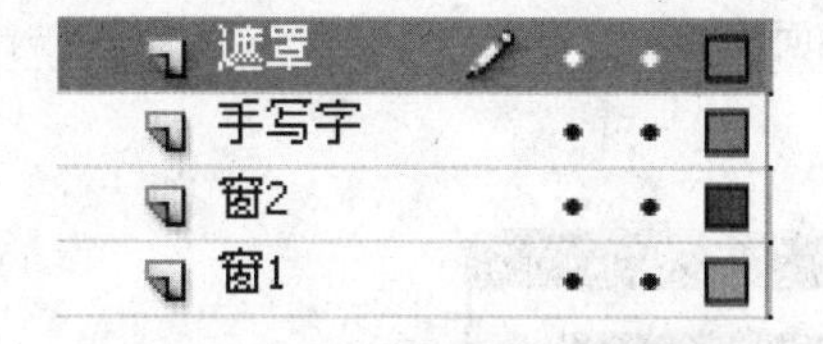

图 4-9　场景 1 的图层结构

请珍惜每一滴水

图 4-10 “手写字”图层的文字

（2）选择“遮罩”图层，在第 50 帧处插入关键帧，选择“刷子工具”，在选项中选择合适的刷子大小和形状，选择不同于文字颜色的填充颜色。如图 4-11 所示。

提个醒

为了方便下面的操作，可以适当放大显示比例，也可将其他图层隐藏，避免干扰。如图 4-12 所示。

（3）选择“遮罩”图层的第 51 帧，按 F6 键插入关键帧，如图 4-13 所示。

（4）连续以上操作，直到把整个文字掩盖为止。

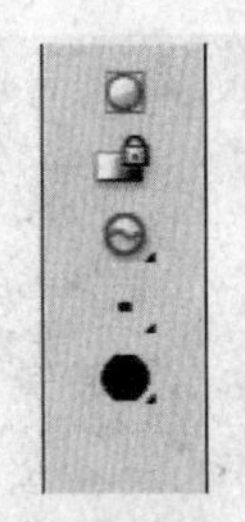

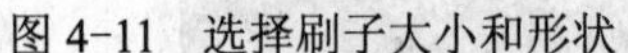

图 4-11　选择刷子大小和形状　　　　图 4-12　掩盖第一笔的一部分

提个醒

在对文字进行掩盖时，对于单独的笔画，掩盖的图形可以超出笔画的位置，但要保证笔画在掩盖的图形之内；对于交叉的笔画，要注意掩盖图形的制作，不能把不应该出现的笔画掩盖住。

（5）用同样的方法制作其他文字的书写动画，如图 4-14 所示，从左到右，分别为不同文字不同帧的图形。

图 4-13　文字的掩盖过程　　　　图 4-14　掩盖其他文字

（6）鼠标右键单击"遮罩"图层，从快捷菜单中选择"遮罩层"命令，至此标题文字动画制作完成，时间轴面板如图 4-15 所示。

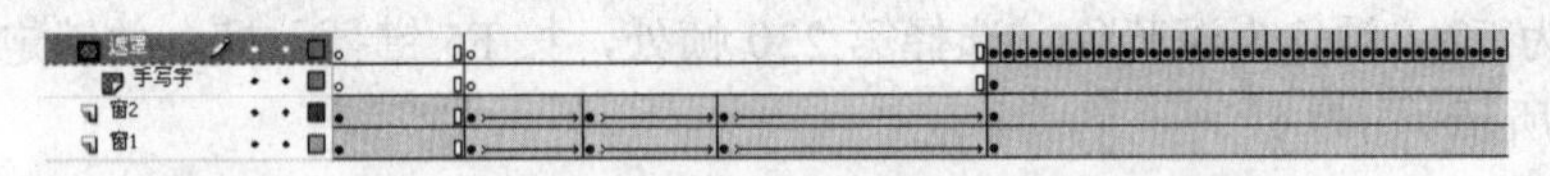

图 4-15　标题文字时间轴面板

（7）保存文件，场景 1 测试效果如图 4-16 所示。

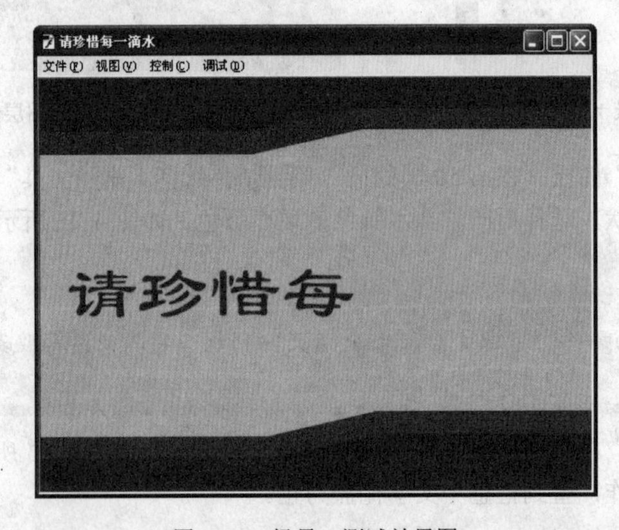

图 4-16　场景 1 测试效果图

三、举一反三

1. 根据图形元件的运动效果，可以设计一款动画的片头，效果如图 4-17 所示。
2. 利用遮罩功能的手写字效果，为片头添加题目，效果如图 4-18 所示。

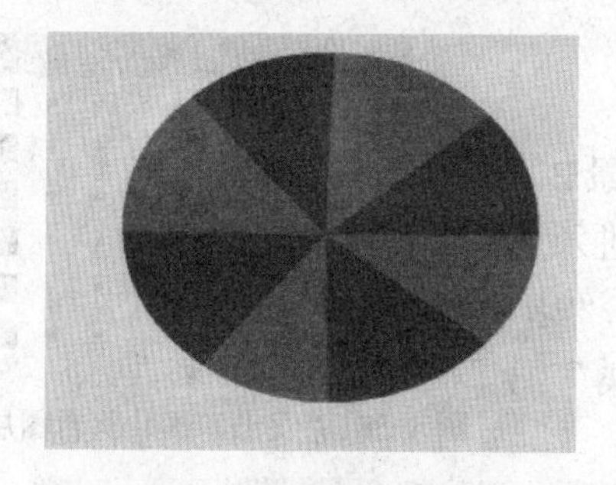

图 4-17 圆形旋转片头

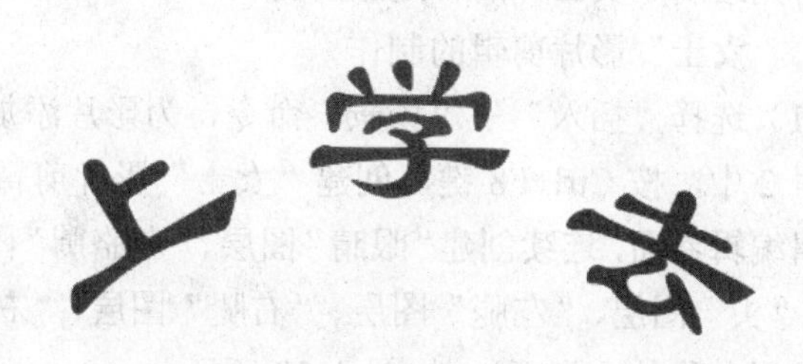

图 4-18 标题遮罩效果

3. 制作用铅笔写文本“FLASH”的写字动画，参考“举一反三”文件夹中的“铅笔写字动画.fla”文件。如图 4-19 所示。（提示：铅笔可以自己制作，也可以从外部导入，铅笔的动作可以使用路径动画制作。）

图 4-19 铅笔写字动画效果图

任务二 人 物 设 计

一、任务描述

在本任务中，要完成影片中的两个主人公的形象设计，并在影片剪辑中做好原地行走的动作。

如果绘画方面有困难，可以将下载的人物图片或扫描的图片导入 Flash，然后描着画，效果会好很多。

二、自己动手

首先绘制“女士”的行走影片剪辑。

1.“女士”影片剪辑的制作

（1）选择“插入”→“场景”命令，为影片添加场景 2。在场景 2 中，按 Ctrl+F8 键，创建“女士”影片剪辑，进入影片剪辑编辑界面，连续创建“眼睛”图层、“左胳膊”图层、“身”图层、“头”图层、“左腿”图层、“右腿”图层、“右胳膊”图层（图层名称从上到下）。如图 4-20 所示。

眼
左胳膊
身
头
左腿
右腿
右胳膊

图 4-20　“女士”影片剪辑图层结构

提个醒

由于做的人物形象是侧面行走的，以上图层顺序是在图层面板中从上到下的，考虑到图层覆盖的特点，有些图层的顺序是不能颠倒的，可以在操作中体会。

（2）在各个图层（除了眼睛图层）画上相应的部位。主要应用“椭圆工具”，配合 Ctrl 键进行变形。

头部的绘制如图 4-21 所示。

身体的绘制如图 4-22 所示。

图 4-21　头部绘制过程

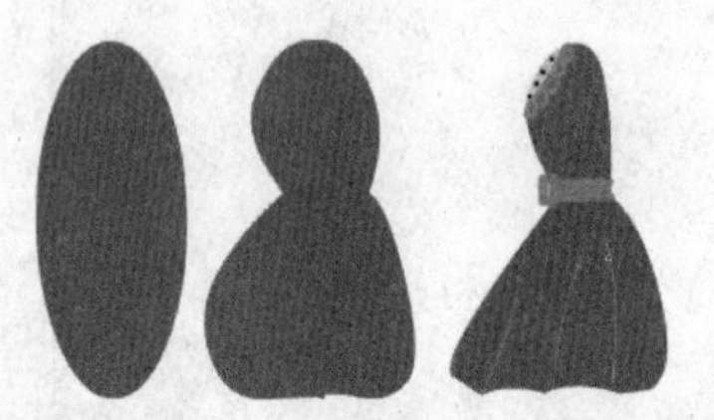

图 4-22　身体的绘制过程

腿部的绘制如图 4-23 所示。

胳膊的绘制如图 4-24 所示。

其中腿和胳膊都只绘制一个，将以上的每一部分都转化为图形文件，便于以后调整动作。

按 Ctrl+F8 键，创建“女士眼睛”影片剪辑，在图层 1，在第一个关键帧用“直线工具”和“椭圆工具”，画出睁开的侧面的眼睛，在 45 帧处插入关键帧，画出闭合的眼睛，在 60 帧处插入帧。如图 4-25 所示。

将“女士眼睛”影片剪辑拖放到“眼睛”图层，调整大小，放到合适的位置。

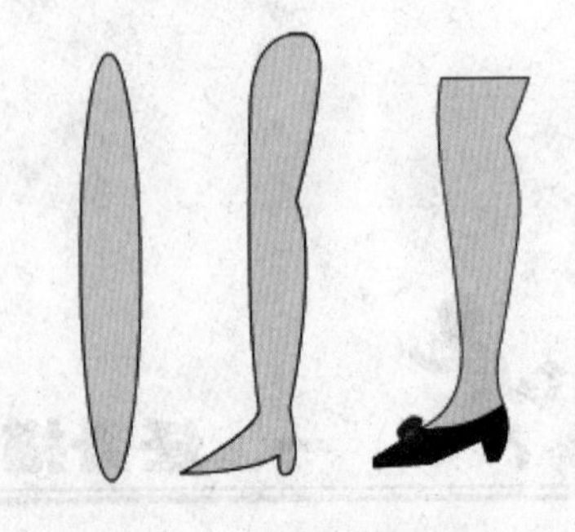

图 4-23　腿部的绘制过程

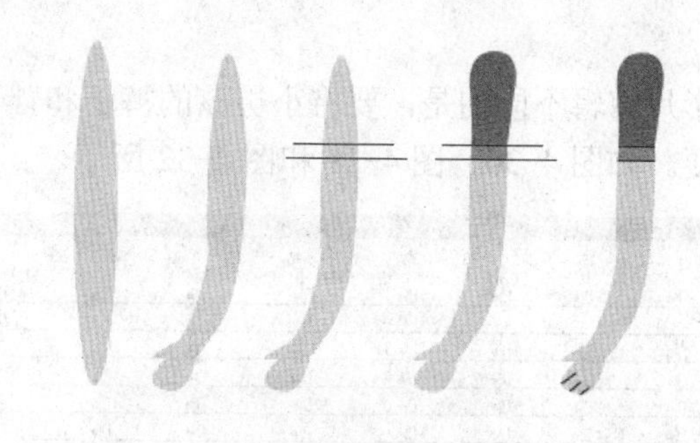

图 4-24　胳膊的绘制过程

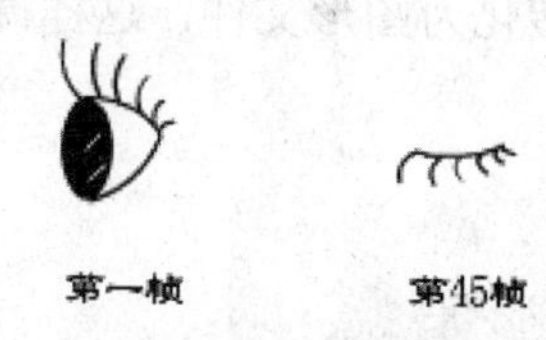

图 4-25　“眼睛”影片剪辑关键帧

在图层的相应处添加关键帧，并在关键帧对应的每一个图层，按照行走规律，调整胳膊和腿的位置。如图 4-26 和图 4-27 所示。

图 4-26　调整后的人物形象

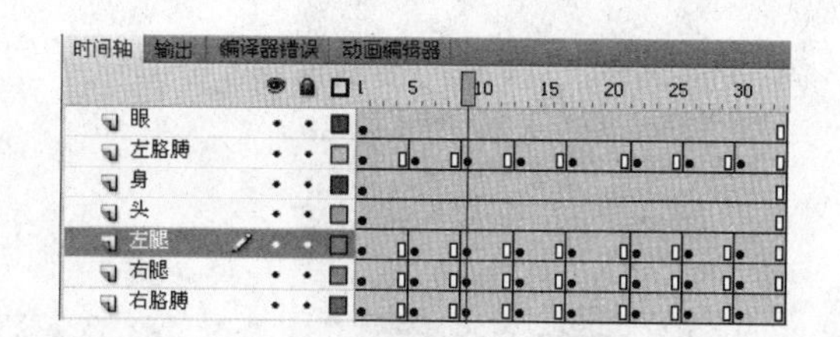

图 4-27　“女士”影片剪辑时间轴图层面板

提个醒

在调整胳膊和腿的位置时，可以将旋转中心拖到位置不动的一端，这样调整起来就方便了很多。如图 4-28 和图 4-29 所示。

完成后，将“女士”影片剪辑拖放到场景中测试，看一看行走动作是不是自然，如果出现动作问题，重新进入影片剪辑进行调整。

图 4-28　使用“任意变形工具”调整女士胳膊

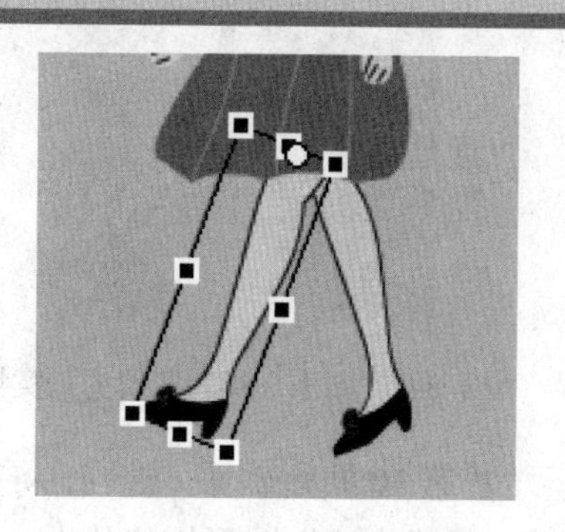

图 4-29　使用“任意变形工具”调整女士腿部

2.“小男孩”影片剪辑的制作

用同样的方法绘制小男孩形象，与“女士”影片剪辑不同的是，要将小男孩的裤子和鞋子分别转化为图形文件，这样调整动作时会比较方便。如图 4-30、图 4-31 和图 4-32 所示。

图 4-30 “鞋”图形元件

图 4-31 “小男孩”影片剪辑图层结构

3. 道具的绘制

(1) 用“椭圆工具”和“矩形工具”画出洗手盆、水管和镜子，如图 4-33 所示。

图 4-32 “小男孩”行走动作

图 4-33 道具的绘制

(2) 新建“流水”影片剪辑，选中第一个关键帧，选用“椭圆工具”，无边框颜色，填充蓝色，在第二帧插入关键帧，并选中第二个关键帧，将流水的形状稍作调整。如图 4-34 所示。

(3) 新建“水滴”影片剪辑，选择第一个关键帧，选择“椭圆工具”，边框设置为“无”，填充为蓝色，按住 Ctrl 键，将椭圆上方调整出尖角，在下方添加白色的直线，并转化为图形文件。如图 4-35 所示。

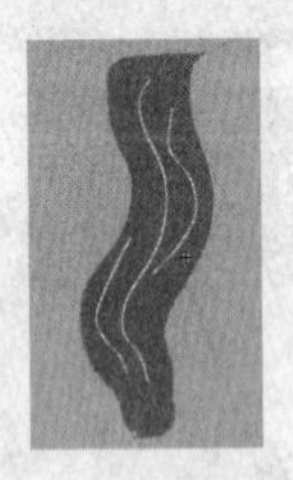

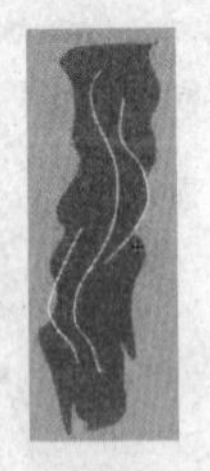

图 4-34 “流水”影片剪辑的关键帧

图 4-35 水滴图形效果

在图层 1 的第 10 帧处添加关键帧，将“水滴”图形位置下移，并选择“任意变形工具”，按住 Shift 键，将“水滴”图形均匀放大一些，为 1～10 帧中间创建传统补间动画。

在图层面板上，添加图层 2 和图层 3，将图层 1 中的帧复制，选择图层 2 的第一帧，粘贴复制的帧，并将所有帧向后移动 5 帧。用同样的方法操作图层 3，整体完成后是阶梯状。如图 4-36 所示。

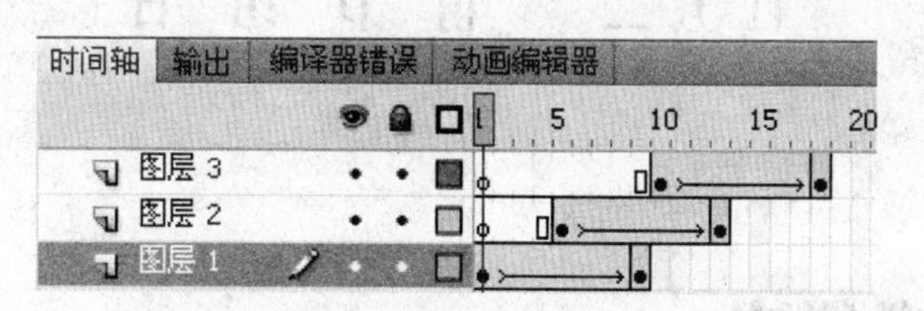

图 4-36 “水滴”影片剪辑图层效果

回到场景 2，测试影片剪辑“水滴”。

三、举一反三

1. 设计一款人物行走的形象，人物可以是正面的，也可以是侧面的，效果如图 4-37 所示。
2. 衔接上一题，将人物形象做成行走动作的影片剪辑。如图 4-38 所示。

图 4-37　设计后的人物形象

图 4-38　人物影片剪辑

3. 根据本任务设计一款荷叶滴露水的动画，参考“举一反三”文件夹中的“荷叶滴露.fla”文件。效果如图 4-39 所示。

图 4-39　荷叶滴露效果图

任务三　情节组合

一、任务描述

在本任务中，会将以上做好的影片剪辑和道具根据影片的情节进行组合，另外有一些人物动作也会用到人物影片剪辑中的图形。

二、自己动手

1. 绘制背景

回到场景 2，将图层 1 命名为“背景”，在工作区左边和下边，绘制墙面和地面，选择“矩形工具”，在场景中拖出两个矩形，设置为无边框，颜色分别为浅绿色、棕色，将本图层锁定，如图 4-40 所示。

2. 组合道具

添加图层命名为“脸盆”，打开库，将任务二中绘制好的“脸盆”图形文件，拖放到本图层合适的位置，并调整大小，如图 4-41 所示。

图 4-40　背景的绘制

图 4-41　道具和背景的组合

3. 女士的动作

（1）添加图层命名为“女士”，选中第一个关键帧，打开库，将“女士”影片剪辑拖放到场景中，选中“任意变形工具”，按住 Shift 键，将影片剪辑均匀地调整大小，把调整好的影片剪辑放在工作区右边外围区域，选择第 85 帧处按 F6 键添加关键帧，将“女士”影片剪辑水平向左移到洗脸盆前，为第 1～85 帧创建传统补间。如图 4-42 所示。

（2）新建“女士开关水管”图形文件，将“女士”影片剪辑中所需要的图层的第一个关键帧选中复制，选择粘贴到当前位置“女士开关水管”图形文件中，并将各个部分进行调整，图层如图 4-43 所示，效果如图 4-44 所示。

图 4-42　女士走向脸盆

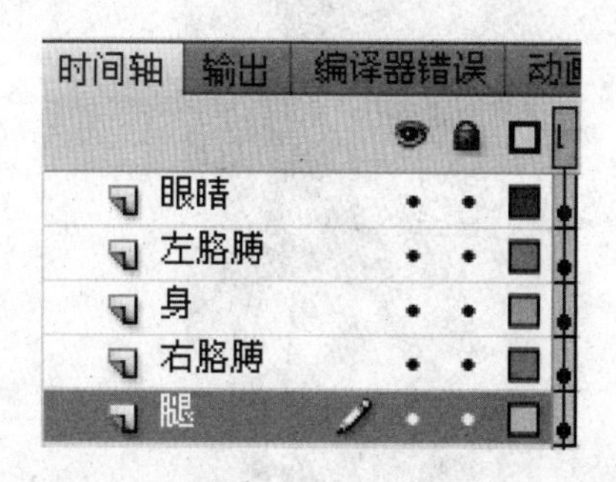

图 4-43 “女士开关水管”图形文件图层结构

提个醒

在绘制女士弯腰的动作时，可以将女士身体在腰部分隔开，将上半身进行旋转，再用鼠标将上半身边缘处选中下拉，和下半身连接好，这样既简单又美观，如图 4-45 所示。

图 4-44 “女士开关水管”的动作绘制

图 4-45　女士动作调整过程

（3）用相同的方法新建“女士洗手”图形文件。效果如图 4-46 所示。

（4）选中“女士”图层的第 95、110、175 帧处按 F6 键添加关键帧，分别将绘制好的“女士开关水管”、“女士洗手”图形文件，拖放到相应的位置。

（5）选中“女士”图层第 200 帧，插入空白关键帧，将第一帧处的“女士”影片剪辑复制，粘贴到此处，选择“修改”下拉菜单变形中的“水平翻转”命令，此时的女士就面部朝向右了，在第 300 帧处插入关键帧，将“女士”影片剪辑水平右移到场外，为第 200～300 帧添加传统补间动画。

提个醒

此处补间动画的帧数可以根据具体情况而定，帧数直接影响人物行走的速度，如图 4-47 所示。

图 4-46 “女士洗手”动作效果图

图 4-47　女士离开脸盆动作效果

4. 小男孩的动作

添加“小男孩”图层，在第 300 帧处添加关键帧，将库里绘制好的“小男孩”拖放到此处，调整大小，放到场外，用相同的方法，制作小男孩走向洗脸盆、踮起脚尖关水管、离开洗脸盆的动作，主要应用传统补间动画。动作如图 4-48、图 4-49 和图 4-50 所示。

图 4-48　小男孩走向脸盆的动作

图 4-49　小男孩踮起脚尖的动作

图 4-50　小男孩离开脸盆的动作

提个醒

此处小男孩行走动作的补间动画帧数要相应地增加，因为行走速度要慢一些。

5. 添加水的影片剪辑

添加新图层命名为“水”，根据两个任务的动作，将库里的“流水”和“水滴”影片剪辑拖放到合适的帧上，“流水”和“水滴”影片剪辑的出现要和人物动作协调对应。

在“水”图层的第105帧插入关键帧，将“流水”影片剪辑拖放到水管处，调整合适的大小，在180帧处插入空白关键帧，将“水滴”影片剪辑拖放到合适的位置，调整大小，在450帧处截止。

6. 保存文件，测试场景

7. 制作完毕，测试影片（按快捷键 Ctrl+Enter）

三、举一反三

1. 利用上一个任务“举一反三”的人物行走的影片剪辑，绘制一个场景，效果如图 4-51 所示。

2. 将本任务举一反三的场景链接起来，就是一个很漂亮的小动画。参考“举一反三”文件夹中的“上学去.fla”文件，测试影片，效果如图 4-52 所示。

图 4-51　为人物设计一个场景

图 4-52　影片测试效果图

任务四　结　束　语

一、任务描述

本任务是当场景2结束后出现结束语，这里使用的是字幕滚动效果，又一次应用了遮罩动

画制作的原理，在这里需要注意背景矩形的填充颜色、影片背景色及文本最终出现的颜色之间的关系，其动画效果如图 4-53 所示。

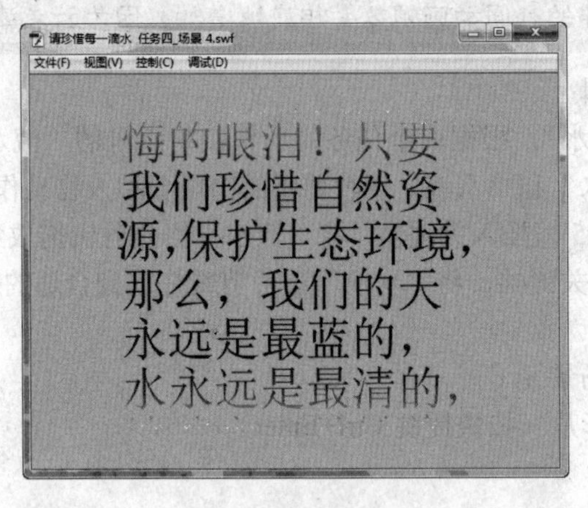

图 4-53　字幕效果图

二、自己动手

1．打开影片文档

打开任务三中的“请珍惜每一滴水”影片文档，在这里仍然要添加场景继续制作动画。

2．添加“场景 3”

执行“插入” →“场景”命令添加“场景 3”，或执行“窗口” →“其他面板” →“场景”命令，打开场景面板，用鼠标单击按钮，也可添加场景。

3．场景设置

（1）在场景 3 中将图层 1 重命名为“背景”，使用“矩形工具”，无边框线，打开“颜色”选项卡，如图 4-54 所示设置线性渐进色，其中各颜色指针对应的颜色从左到右分别为蓝色、黑色、黑色、蓝色（其中蓝色与整个动画的背景色相同），在“背景”图层绘制矩形，大小与背景相同。

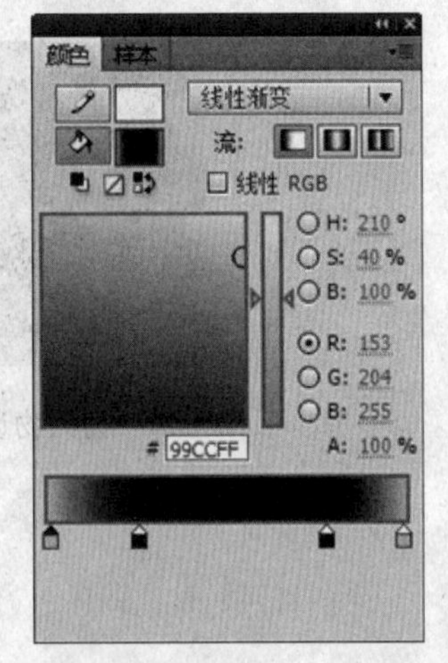

图 4-54　颜色选项卡示意图

（2）选择“填充变形工具”在刚绘制的矩形上单击一下，把右上角的圆形手柄拖动到右下角，如图 4-55 所示，再把底边的方形手柄拖到矩形下边线，如图 4-56 所示，将该层锁定。

（3）在“背景”图层上面新建图层，命名为“文字”，用于放置要做的字幕的文字，使用“文本工具”T 输入文字，颜色与背景色区分开即可，然后将文字放在背景矩形的下方，如图 4-57 所示。

（4）因为字幕的动画较慢，所以在第 360 帧插入关键帧，“背景”图层在第 360 帧插入帧，将文字垂直向上移动到背景矩形的上方。

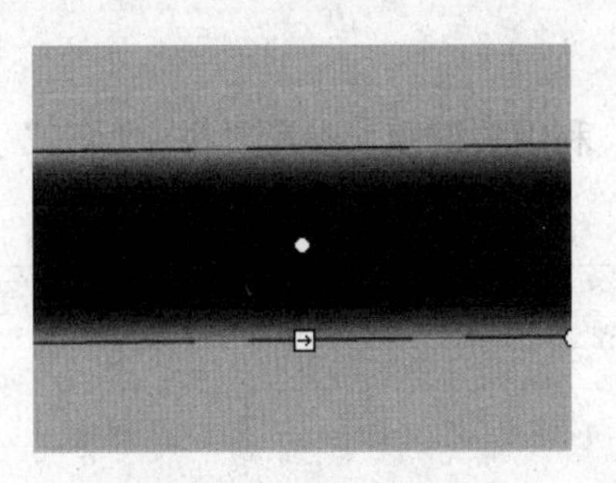

图 4-55　旋转后的填充

图 4-56　调整好的填充

小知识

垂直向上移动文字，可以使用向上的方向键，也可以在按住 Shift 键的同时，用鼠标向上拖动文字框。

（5）选中“文字”图层的第一帧，创建传统补间动画。

（6）右键单击“文字”图层，从快捷键菜单中选择“遮罩层”命令，图层面板如图 4-58 所示。

图 4-57　文字位置示意图

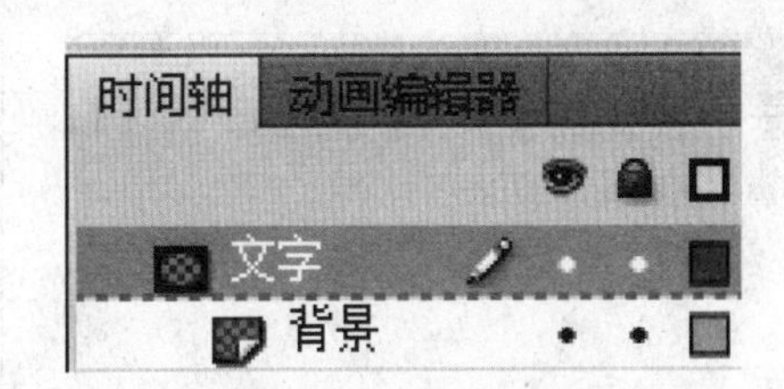

图 4-58　图层面板示意图

提个醒

此动画中的文字颜色是什么都可以，但重要的是背景层的矩形填充色和背景色之间的关系。

三、举一反三

1．利用遮罩原理，制作漂亮的彩虹字，参考“举一反三”文件中的“彩虹字.fla”，效果如

图 4-59 所示。

2．制作一段文本的打字效果（文本内容自定），利用关键帧，参考“举一反三”文件夹中的“打字效果 1.fla”文件，效果如图 4-60 所示。

图 4-59　彩虹字效果图

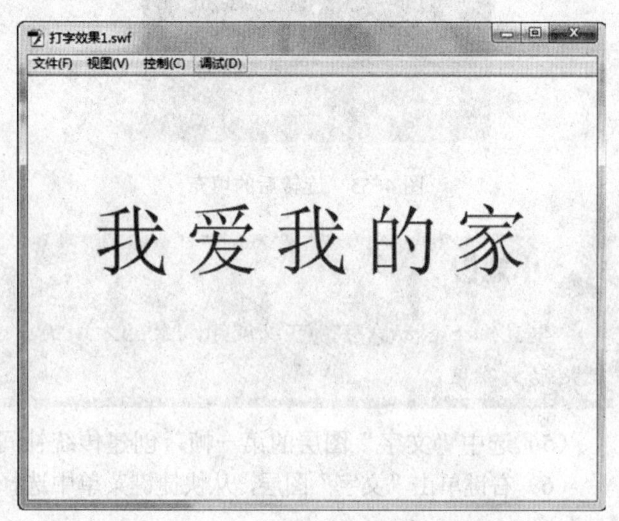

图 4-60　打字效果图

3．制作一段文本的出现效果，利用遮罩，做好后和第 2 题对比一下，参考“举一反三”文件夹中的“打字效果 2.fla”文件，效果如图 4-61 所示。

4．制作一段文本的出现效果，利用遮罩，参考“举一反三”文件夹中的“字幕效果.fla”文件，效果如图 4-62 所示。

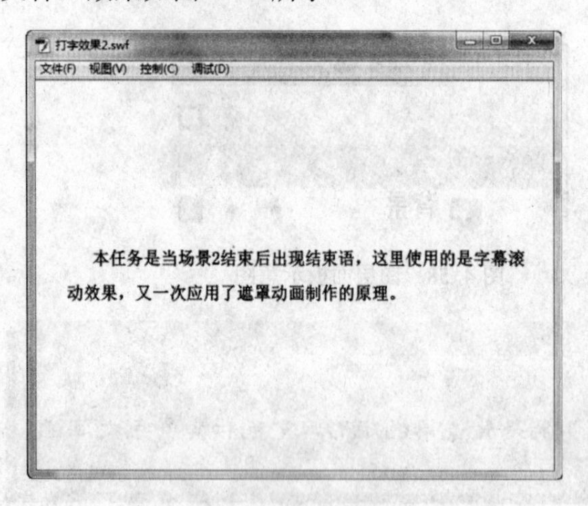

图 4-61　打字效果图

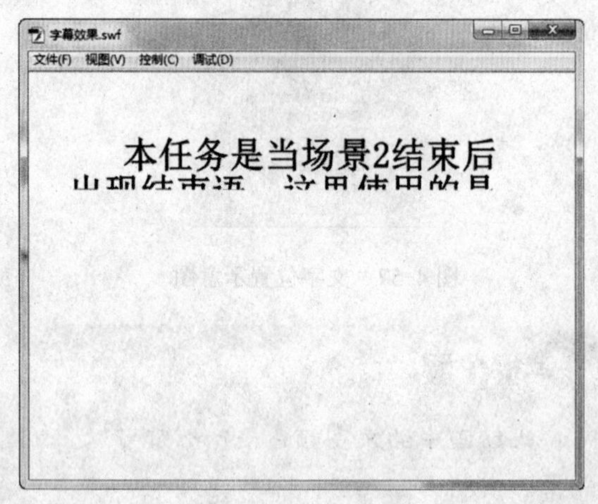

图 4-62　字幕效果图

项目五

蜻蜓寻荷

本项目利用 Flash 中的基础知识，制作一个动态的水彩画：荷塘里，有荷花、蜻蜓、鱼群，将美妙的夏日荷塘风光呈现在大家的面前，让人流连忘返。

项目概述

本项目是以一张水彩画为基础，添加动态元素，使其更美观更生动，本项目效果如图 5-1 所示。

图 5-1　蜻蜓寻荷效果图

项目构思

本项目是在一幅荷花水墨画的情景里，湖水涟漪，几枝荷花亭亭玉立，一只蜻蜓飞来落到荷花上，其中有一种超酷的鼠标效果，当鼠标划过时会出现游动的小鱼。制作中介绍了影片剪辑元件的创建和使用、元件的嵌套、遮罩动画、形状补间动画及路径动画的综合应用，同时用到了简单的动作脚本。

此项目的背景是一张水彩画，其中有荷花和水塘，并且颜色鲜艳，为了配合整张画的色调，之后加上去的元素也应该是颜色鲜艳一些的，这样就把夏日的绚烂很好地体现出来了。

在整个项目中，有四个重要的元素：

1．荡漾的水面，使整个画面更生动，更真实。

2．飞来的蜻蜓，最后停落在荷花的花瓣上，很惬意的画面。

3．变形效果的字体，弥补了静止的毛笔字的呆板生硬。

4．鼠标滑过时忽隐忽现的鱼群，能给人更多的惊喜。

项目实施

本项目通过水波涟漪、标题动画、蜻蜓飞行、惊现小鱼四个任务来完成。

任务一　水 波 涟 漪

一、任务描述

本任务实现的是水波荡漾的效果，荷花下面的水静静地流淌着。主要运用遮罩动画来实现水波效果，这里介绍两种方法来实现，都是将两张同样的图片在位置上产生略微的偏差，然后给上面的图片做遮罩而产生变化，这样会让人觉得水面在流动。其动画效果如图 5-2 所示。

图 5-2　水波涟漪动画效果

二、自己动手

1．创建影片文档

首先新建一个 Flash 影片文档，选择 ActionScript2.0,命名为“蜻蜓寻荷”保存。

小知识

在新建影片文档时，类型选择 ActionScript2.0，此类型文档可以为按钮添加脚本，如果是 ActionScript3.0，则不可以为按钮添加脚本。

2．创建流水元件

按快捷键 Ctrl+F8，新建一个影片剪辑元件，命名为“流水”，创建三个图层，分别重命名为“遮罩”、“水波”和“背景”，如图 5-3 所示。

3．制作水波动画（方法一）

（1）在“流水”元件的编辑状态中，选中“背景”图层的第 1 帧，然后执行“文件”→“导入”→“导入到舞台”命令，从出现的“导入”对话框中选择一个图片文件导入到 Flash 中，并用“任意变形工具”调整图片的大小到合适的尺寸，如图 5-4 所示。

（2）复制背景图片，然后选中“水波”图层的第 1 帧，将图片粘贴到当前位置，选中该图片稍微向上移动位置，并锁定“背景”和“水波”图层。

（3）单击“矩形工具”，在“遮罩”层中制作一个填充黑色无边框的矩形作为遮罩块，复制后多次粘贴并移动位置，遮罩块之间要有一定的间隙，选中所有遮罩块，按快捷键 Ctrl+G 将其组合，如图 5-5 所示。

（4）选中“遮罩”图层中的第 15、30、45、60 帧并按 F6 键插入关键帧。将各帧中的遮罩上下移动几个像素，并建立传统补间动画，其他图层在第 60 帧插入帧。

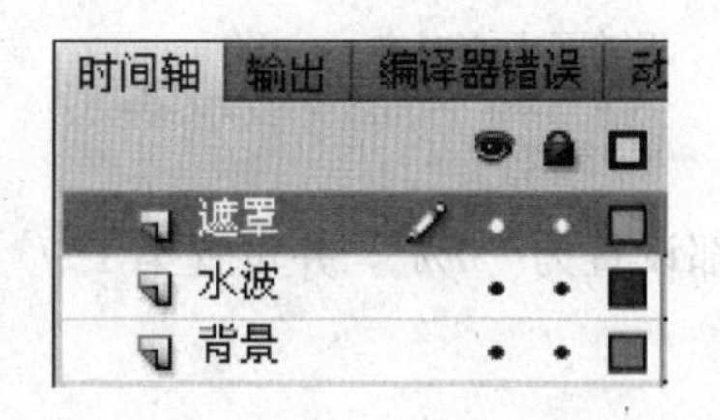

图 5-3 “流水”元件图层结构

图 5-4 导入图片

图 5-5 遮罩组合

（5）选中“遮罩”图层单击右键，选择“遮罩层”命令，时间轴面板如图 5-6 所示。

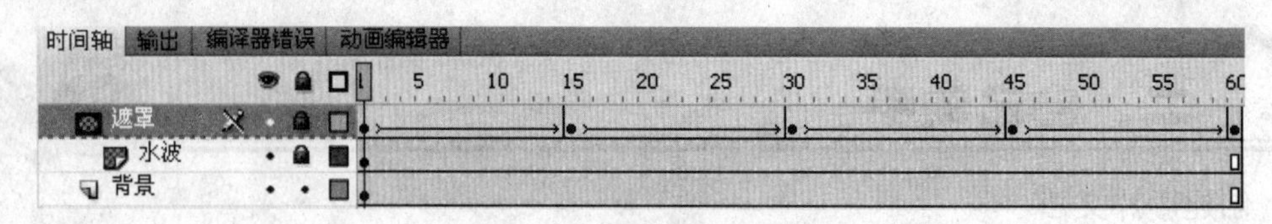

图 5-6　水波时间轴面板 1

（6）返回“场景 1”，将“图层 1”重命名为“流水”，并将“流水”元件从“库”面板中拖入场景，适当调整大小。

4．制作水波动画（方法二）

（1）另外新建一个名为“流水 2”的影片剪辑元件，选中“图层 1”的第一帧，然后执行“文件”→“导入”→“导入到舞台”命令，从出现的“导入”对话框中选择一个图片文件导入 Flash 中，并用“任意变形工具”调整图片的大小到合适的尺寸，按 F8 键将它转化成图形元件“pic”。

（2）新建一个影片剪辑元件“水波”，将“pic”元件拖放到图层 1 的第 1 帧，然后在第 5、20、25 帧插入关键帧。

（3）新建“图层 2”，在第 1 帧绘制一个笔触高度为 6 的椭圆，无填充，然后执行“修改”→“形状”→“将线条转化为填充”命令，如图 5-7 所示。

小知识

绘制的线条只有使用“将线条转化为填充”命令后才能进行形状补间动画的创建。

（4）选中第 25 帧，插入空白关键帧，单击“椭圆工具”绘制一个大椭圆，执行“修改”→“形状”→“将线条转化为填充”命令，然后调整大椭圆的位置，使两个椭圆的中心重合在一起，单击“编辑多个帧”按钮。如图 5-8 所示。

图 5-7　绘制一个小椭圆

图 5-8　两椭圆中心对齐

（5）设置“图层 2”的第 1 帧到第 25 帧的形状补间动画。

（6）选中“图层 1”，将第 1 帧和第 25 帧的元件“Alpha”值都设置为“0%”，并设置第 1～5 帧和第 20～25 帧的动作补间动画。

（7）选中“图层 2”，单击右键，选择“遮罩层”命令。

（8）进入“流水 2”元件的编辑状态，新建第 2 到第 6 个图层，将“水波”元件从“库”

面板中拖到“图层 2”的第 1 帧，调整大小稍大于“图层 1”中的图片。

（9）复制“图层 2”中的元件，分别到“图层 3”的第 5 帧、“图层 4”的第 10 帧、“图层 5”的第 15 帧、“图层 6”的第 20 帧，将其粘贴到当前位置。并将 1～5 图层的第 20 帧处插入帧，上下对齐。

（10）在第 20 帧“动作”面板中输入如下动作脚本，完成后的时间轴如图 5-9 所示。

```
stop ();
```

5．保存文件，测试场景

效果如图 5-10 所示。

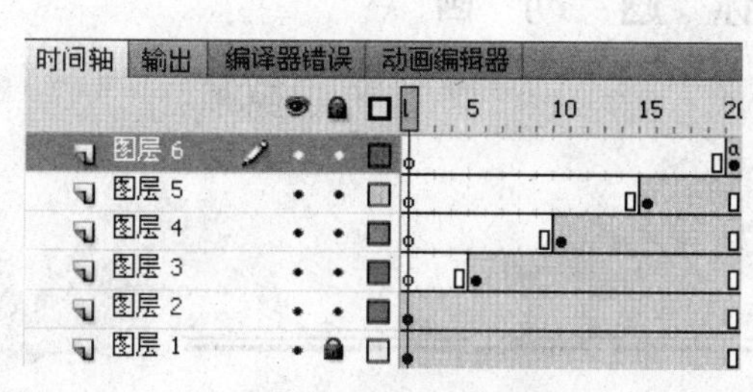

图 5-9　水波时间轴面板 2

图 5-10　蜻蜓寻荷“场景 1”测试效果

三、举一反三

1．绘制一个鱼缸，鱼缸中有水、水草和石头子，制作鱼缸中的水波动画（用水波动画方法一），参考“举一反三”文件夹中的“水波动画.fla”文件，效果如图 5-11 所示。

2．制作文本“Flash”的水波动画（用水波动画方法二），参考“举一反三”文件夹中的“文本水波动画.fla”文件，效果如图 5-12 所示。

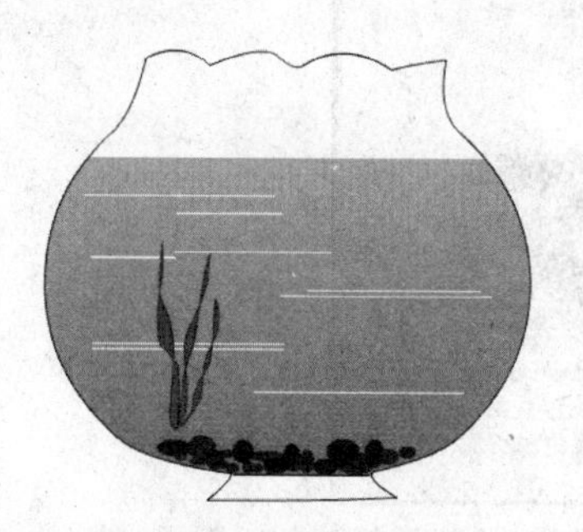

图 5-11　水波动画效果

图 5-12　文本水波动画

3．制作两张图片的百叶窗切换动画，应用遮罩动画制作，参考“举一反三”文件夹中的“百叶窗.fla”文件，效果如图 5-13 所示。

图 5-13　百叶窗动画效果

任务二　标 题 动 画

一、任务描述

本任务出现本项目的标题，动画制作应用了补间形状，与以前形状补间动画不同，本任务制作的是文本的形状补间动画，动画效果如图 5-14 所示。

图 5-14　蜻蜓寻荷标题动画效果

二、自己动手

1．打开影片文档

打开任务一中的“蜻蜓寻荷”影片文档。

2．制作标题动画

（1）“场景 1”中，在“流水”图层上面新建一个“图层 2”，使用“文本工具”T输入文本“蜻蜓寻荷”，按快捷键 Ctrl+B 将其分离，然后单击右键，选择“分散到图层”命令。

（2）删除“图层 2”，只保留单个字所在的图层，图层结构如图 5-15 所示。

（3）选中“第一帧”的“蜻”字，按 F8 键转换为图形类元件“蜻”，选中“蜻”图层的第 10 帧插入关键帧，选中第 1 帧的“蜻”元件，使用“任意变形工具”缩小它，并创建第 1 帧到第 10 帧的补间形状动画。

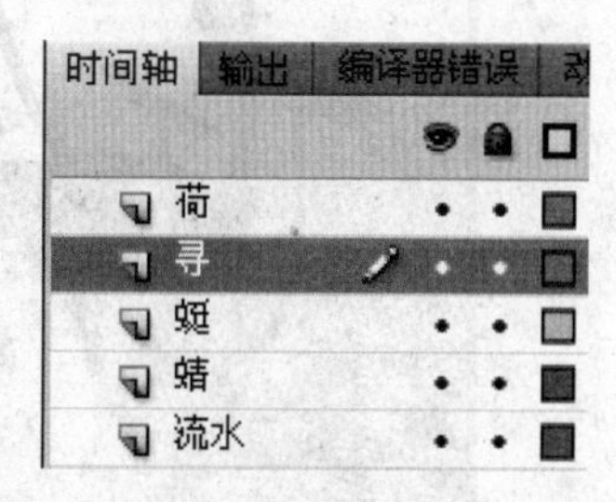

图 5-15 图层结构

（4）将“蜓”图层的第 1 帧向后拖动到第 20 帧，并单击右键选择“分离”命令，在本图层第 10 帧插入关键帧，将“蜻”字复制，在“蜓”图层的第 10 帧，单击右键选择“粘贴到当前位置”，并将复制的“蜻”字右键“分离”命令，在第 10～20 帧中间的任何一帧，单击右键选择“创建补间形状”命令。

提个醒

单个的文字只有分离后才能进行形状补间动画的创建。

（5）重复步骤（4）的操作，为“寻”和“荷”图层添加形状补间动画，并在 50 帧处为每个图层添加帧。

（6）至此标题动画制作完成，时间轴面板如图 5-16 所示。

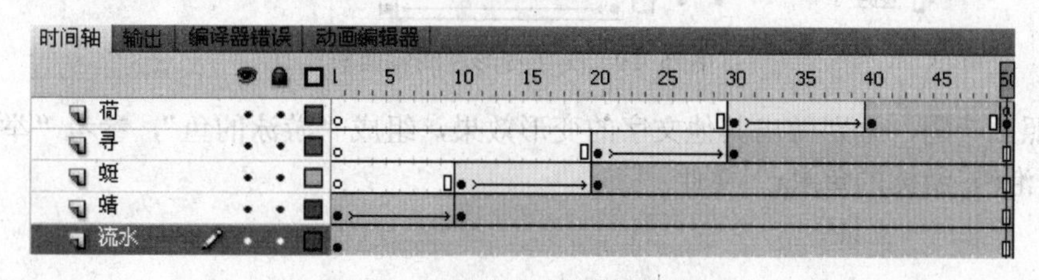

图 5-16 标题动画的时间轴面板

（7）保存文件，测试场景，效果如图 5-17 所示。

三、举一反三

1．新建影片剪辑，水中向上冒的泡泡，利用补间形状动作，参考“举一反三”文件夹中

的“泡泡.fla”文件，如图 5-18 所示。

图 5-17　蜻蜓寻荷标题测试效果

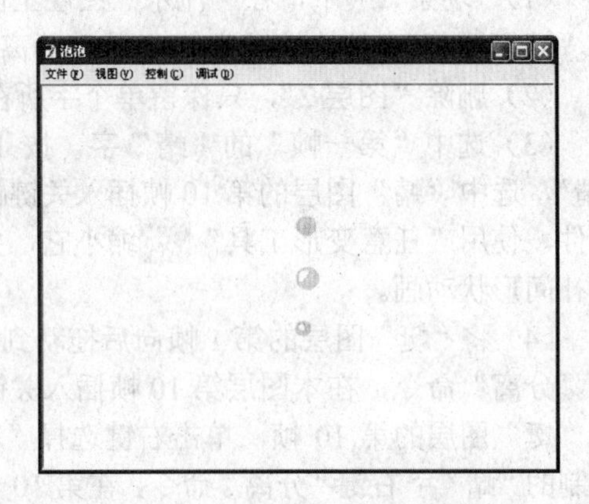

图 5-18　泡泡动画效果

2．继续编辑上一题中的影片剪辑，将最后的泡泡再变形为文字，第一个文字“游”，参考“举一反三”文件夹中的“泡泡-游.fla”文件，时间轴面板如图 5-19 所示。

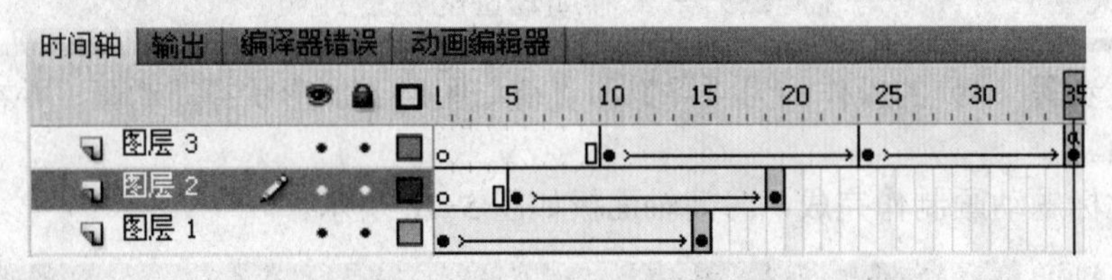

图 5-19　文字变形时间轴面板

3．按照上一题，分别做出其他文字的变形效果，组成“游泳的鱼”，参考“举一反三”文件夹中的“泡泡-游泳的鱼.fla”文件。

任务三　蜻　蜓　飞　行

一、任务描述

本任务是制作一个蜻蜓飞行的影片剪辑元件，然后将此元件放置在“场景 1”的图层中，

其中应用了形状补间动画、路径动画及元件的嵌套。路径动画一定要注意将被引导的对象吸附到路径上。元件的嵌套即为某一元件当中还可以使用其他的元件，这样能完成复杂元件的制作。其动画效果如图 5-20 所示。

图 5-20　蜻蜓飞行的动画效果

二、自己动手

1. 打开影片文档

打开任务二中的“蜻蜓寻荷”影片文档，我们接着做下面的动画。

2. 创建一个“蜻蜓”影片剪辑

（1）新建影片剪辑“蜻蜓”，新建图层“身体”，利用“椭圆工具”绘制蜻蜓的身体，并在第 10 帧处插入帧,如图 5-21 所示。

提个醒

蜻蜓尾部不同颜色的填充可以用直线分割后，分别填充，然后将多余的线条删除掉，如图 5-22 所示。

图 5-21　蜻蜓身体的绘制

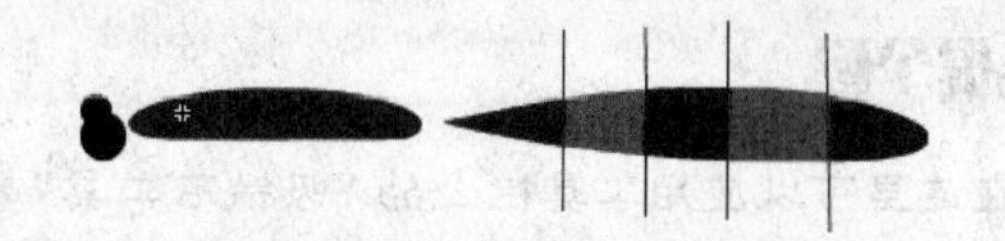

图 5-22　蜻蜓尾部的颜色填充

（2）新建“翅”图层，用“椭圆工具”绘制蜻蜓翅膀，并按快捷键F8转化成图形文件，将其透明度降低为60%，复制另一个翅膀，将两个翅膀放到身体合适的位置，在“翅”图层的第5帧处插入关键帧，利用“任意变形工具”调整翅膀的形状，并在第10帧处插入帧，如图5-23所示。

（3）测试影片剪辑，调整蜻蜓扇动翅膀的动作。回到场景1，新建图层“蜻蜓”，将影片剪辑“蜻蜓”从库中拖到场景1中，利用“任意变形工具”将“蜻蜓”影片剪辑调整到合适的大小，在120帧处插入关键帧。

3. 选中“蜻蜓”图层，单击右键选择“添加传统运动引导层”命令，利用“铅笔工具”为蜻蜓画出飞行的轨迹，尽量有一些弧度，在120帧处插入帧，如图5-24所示。

图5-23　蜻蜓翅膀的绘制

图5-24　蜻蜓飞行轨迹

4. 将“蜻蜓”图层的第1帧和第120帧的“蜻蜓”元件的中心分别放置在曲线的头和尾上。选中在中间的任意一帧单击右键选择创建传统补间。接着打开下面的属性面板，将“旋转”选项的下拉列表里选择“无”，并在复选框中选中“调整到路径”，如图5-25和图5-26所示。

图5-25　第一帧中心点吸附到引导线上

图5-26　第120帧中心点吸附到引导线上

提个醒

在这里可以应用工具栏上的“吸铁石工具”，元件接近曲线头时会自动吸附上去的。

5. 播放后发现有时蜻蜓在飞行的时候，头部会朝下，可以在合适的地方插入关键帧，将

"蜻蜓元件"调整方向，如图 5-27 所示。

6．将其他图层在 120 帧处插入帧对齐。在任何一图层的最后一帧，插入关键帧，打开动作面板，输入如下脚本：

stop（）；

小知识

没有在动画的最后一帧加入"stop（）;"脚本时，测试影片后此动画会循环播放，如果加入了"stop（）;"脚本，测试影片后此动画只播放一遍，停止在这一帧。

7．保存影片文档，测试动画效果，如图 5-28 所示。

图 5-27 "蜻蜓"元件调整方向

图 5-28　蜻蜓飞行测试效果

三、举一反三

1．制作一个小鱼的影片剪辑，在任务一举一反三第 1 题制作的鱼缸中来回游动的动画，参考"举一反三"文件夹中的"小鱼游动.fla"文件，效果如图 5-29 所示。

2．制作一颗小星星围绕手机轮廓移动的动画，参考"举一反三"文件夹中的"手机.fla"文件，效果如图 5-30 所示。

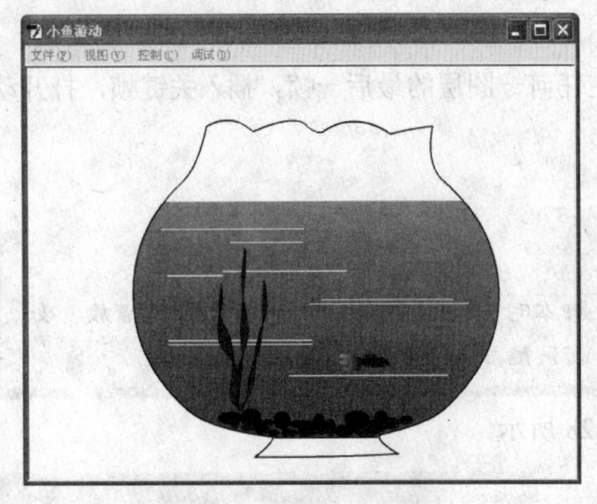

图 5-29　小鱼游动动画效果

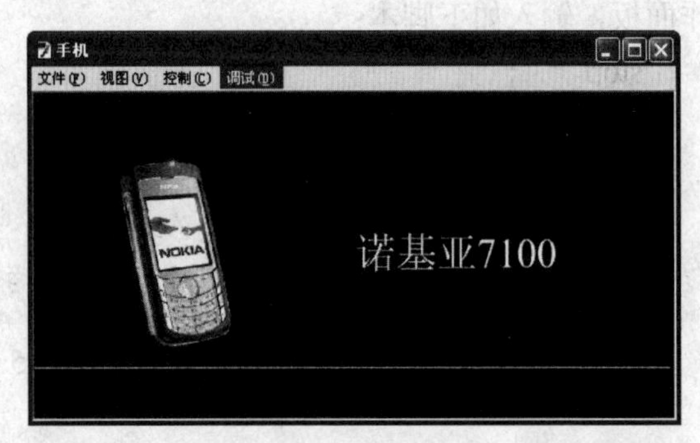

图 5-30　星星围绕手机移动动画效果

任务四　惊现小鱼

一、任务描述

本任务是一种鼠标特效，当鼠标在水中划过时，会有小鱼出现，动画制作中用到了按钮、影片剪辑元件及简单的动作脚本。按钮元件在这里是第一次用到，它的创建方法与其他类型元件的创建方法相同，只是在它的编辑状态时间轴面板中只有 4 个帧可以操作，而动作脚本也应用到了按钮上，实现交互的效果，其动画效果如图 5-31 所示。

图 5-31　惊现小鱼动画效果

二、自己动手

1．打开影片文档。

打开任务三中的“蜻蜓寻荷”影片文档。

2．制作“金鱼”影片剪辑

（1）新建图层“鱼身”，用“椭圆工具”，配合 Ctrl 键，绘制金鱼的身体，如图 5-32 所示。

（2）新建图层“鱼尾”，用“椭圆工具”，去除笔触颜色，配合 Ctrl 键，绘制金鱼的尾部，设置填充为线性填充，选项卡中的 3 个颜色分别为橙黄色、浅橙黄色（“Alpha”值为“70%”）和白色（“Alpha”值为“50%”），然后使用“颜料桶工具”给鱼尾填充，如图 5-33 所示。

图 5-32　鱼身的绘制

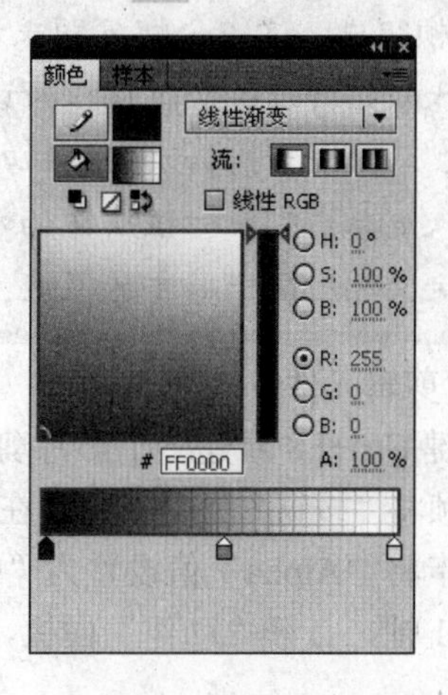

图 5-33　设置鱼尾填充色

（3）选中“图层 1”中的第 5、10、15、20 帧，按 F6 键插入关键帧，把每帧中的鱼尾修改成不同的形状，图 5-34 所示是第 5 帧被修改的形状。

（4）设置各关键帧之间为形状补间动画，时间轴面板如图 5-35 所示。

图 5-34　第 5 帧修改后的鱼尾

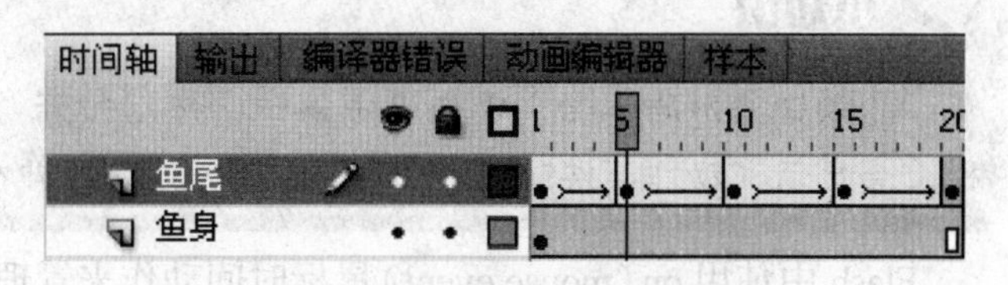

图 5-35　鱼尾变形效果时间轴面板

3．制作“按钮”元件

按快捷键 Ctrl+8 新建一个元件，“类型”项选择“按钮”，命名为“按钮”，如图 5-36 所示。从“库”面板中将元件“金鱼”拖入，并调整大小。

图 5-36　创建按钮元件

小知识

进入按钮的编辑状态，可以看到不同的时间轴，由“弹起”、“指针经过”、“按下”和“点击”4个帧组成，这4个帧分别表示按钮的不同状态。

“弹起”：代表指针没有经过按钮时该按钮的状态。

“指针经过”：代表当指针滑过按钮时该按钮的外观。

“按下”：代表单击按钮时该按钮的外观。

“点击”：定义相应鼠标单击的区域，此区域在SWF文件中是不可见的。

4．制作影片剪辑元件

（1）按快捷键Ctrl+F8新建一个影片剪辑元件，命名为“movie”。

（2）在第1帧将“按钮”元件拖入，在第2帧和第20帧插入关键帧，选中第20帧的元件，从“属性”选项卡将“Alpha”值设置为“0%”，创建第2～20帧的动作补间动画。

（3）选中第1帧，打开“动作”面板，输入如下脚本：

```
stop（）；
```

（4）选中第1帧的“按钮”元件，打开“动作”面板，输入如下脚本：

```
on（rollOver）{
gotoandplay（2）；
}      //当鼠标滑过按钮时，动画会跳转到第2帧并播放动画。
```

小知识

给按钮添加脚本时，需先选中按钮，然后打开“动作”面板，这时“动作”面板标题栏上会显示“动作—按钮”，表示下面输入的动作脚本用来控制按钮动作。

Flash中使用on（mouse event）鼠标时间动作来管理按钮动作，其中mouse event有如下几种：

点击事件（press）：当鼠标指针在按钮对象的响应区域内，按下鼠标时发生此事件。

释放事件（release）：当鼠标指针在按钮对象的响应区域内，按下并释放鼠标时发生此事件，它是标准的按钮单击事件处理程序。

释放离开事件（release outside）:当鼠标指针在按钮对象的响应区域内，按下鼠标然后再响应区域外释放时发生此事件。

指针经过事件（roll over）:当鼠标指针经过按钮对象的响应区域时发生此事件。

指针离开事件（roll out）：当不按鼠标按钮时，鼠标指针移出按钮对象的响应区域时发生此事件。

拖放经过事件（drag over）：当鼠标指针进入按钮的响应区域时按下鼠标，并将鼠标指针移出响应区域，接着再移回响应区域时发生此事件，可产生特殊的交互性效果。

拖放离开事件（drag out）：当鼠标指针处于按钮的响应区域时按下鼠标，再将鼠标指针移出响应区域时发生此事件。

按键事件（key press）：此事件用来处理用户在键盘上的按键动作。

小知识

gotoandplay 为转到并播放语句，其基本语法格式为：gotoandplay（[scene],frame）。其中 frame 表示播放头转到的帧的编号或表示播放头将移到的帧标签，scene 为可选项，表示指定播放头要转到的场景名称。

添加动作脚本除可以在“动作”面板的命令区域中双击、直接输入和单击按钮外，还可以在“动作”面板中单击按钮，打开如图 5-37 所示的面板（此种方法可以方便用户输入）。

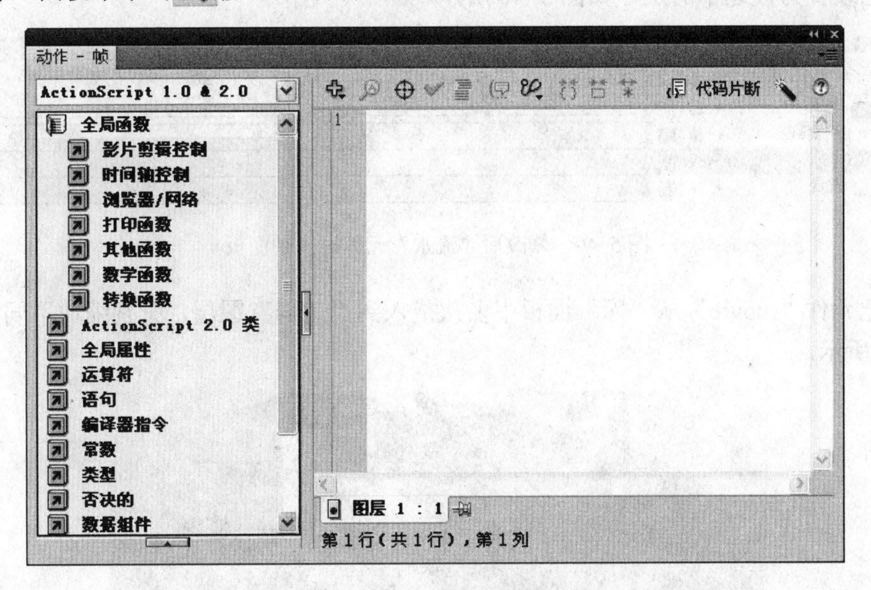

图 5-37 “动作”面板 1

小知识

以gotoandplay语句为例介绍一下具体的操作方法：

在“全局函数”→“时间轴控制”列表中双击“goto”命令后得到如图 5-38 所示的面板。

在“场景”下拉列表框中可以选择要转到的场景名称；在“类型”下拉列表框中可以选择要转到的帧或帧标签；在“帧”文本框可以直接输入要转到的具体帧数。

（5）此时“movie”元件的时间轴面板如图 5-39 所示。

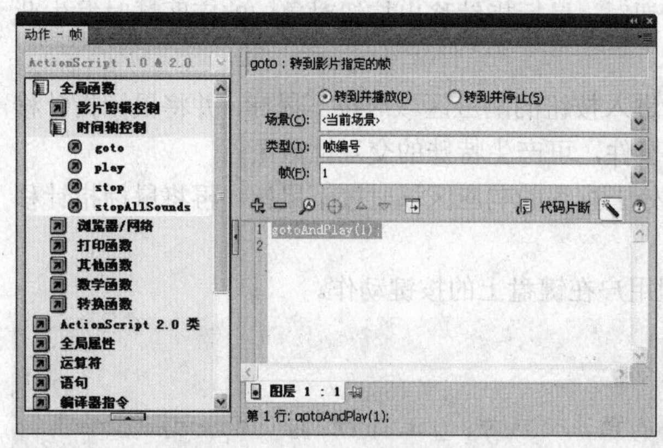

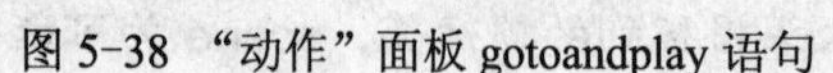
图 5-38 “动作”面板 gotoandplay 语句

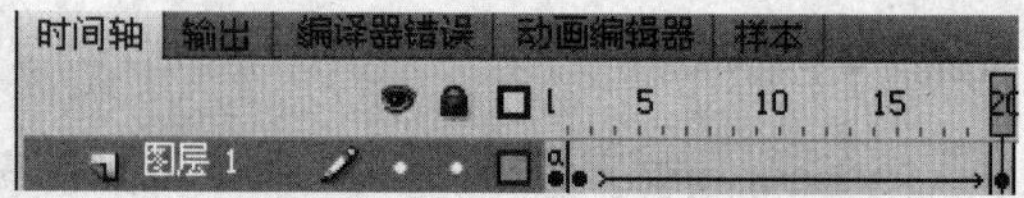

图 5-39 “movie”元件的时间轴面板

5．修改“流水”元件

（1）进入“流水”元件的编辑状态中，在“水波”层上再新建一个图层，重命名为“鱼群”，并将此层也设置为被遮罩的层，如图 5-40 所示。

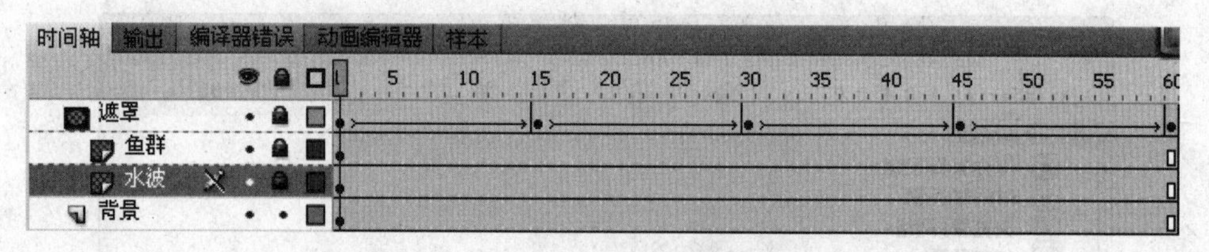

图 5-40 修改后“流水”元件时间轴面板

（2）把元件“movie”从“库”面板中多次拖入到“鱼群”图层，分别缩放不同比例放置，如图 5-41 所示。

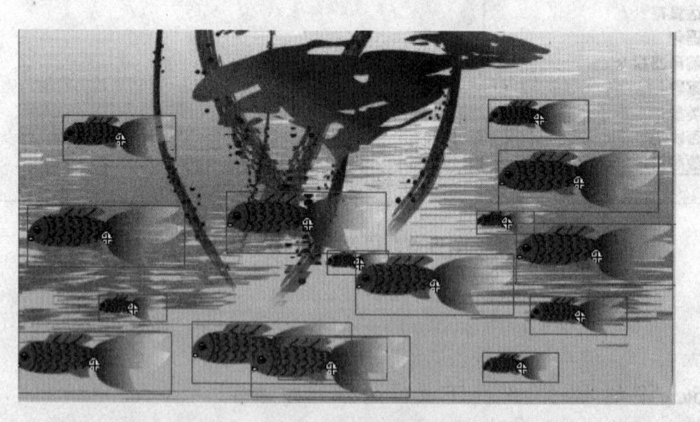

图 5-41 将大小不同的鱼放到水面上

（3）因为我们不希望这些小鱼从一开始就出来，所以选中“库”面板中“movie”元件双击，进入它的编辑状态，选中第 1 帧的按钮元件，在“属性”选项卡中设置“Alpha”值为“0%”。

6. 保存文件，测试影片

效果如图 5-42 所示。

图 5-42　随鼠标出现金鱼的效果

三、举一反三

1. 将任务二的举一反三中的第 3 题和任务三的举一反三中的第 1 题相结合，组合出漂亮的动画效果，参照任务四“举一反三”文件夹中的“游泳的鱼.fla”文件的动画效果，效果如图 5-43 所示。

2. 制作在黑色背景下，当鼠标滑过时，有小星星一眨一眨且最后消失的动画，参考“举一反三”文件夹中的“黑夜星光.fla”文件，效果如图 5-44 所示。

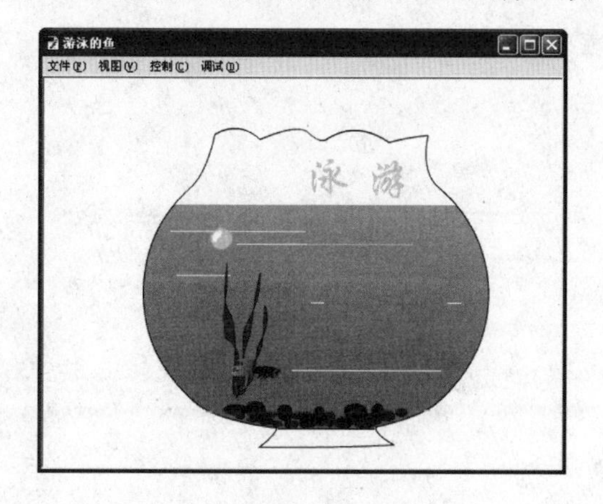

图 5-43　游泳的鱼动画效果

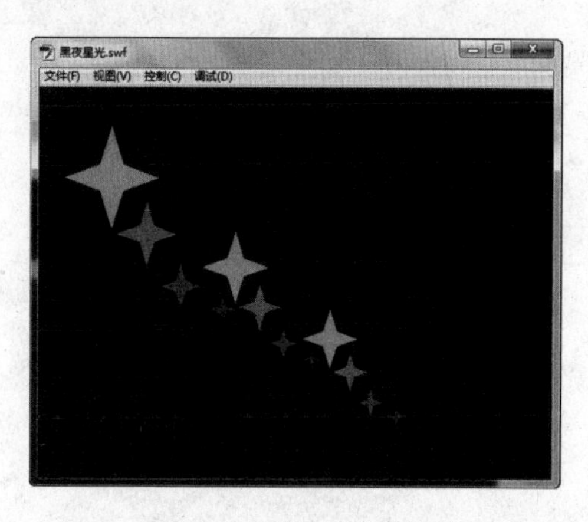

图 5-44　黑夜星光效果图

3．制作鼠标特效的动画，在白色背景下，当鼠标滑过时，会有小花一边旋转，一边缩放，一边变色，最后消失，参考“举一反三”文件夹中的“旋转的花朵.fla”文件，效果如图 5-45 所示。

图 5-45 旋转的花朵效果图

项 目 六

八戒照镜子

项目概述

按钮是我们制作动画时，实现交互的关键对象，通过对按钮添加脚本控制就能实现动画的交互效果。在本项目中，将通过一个简单的小动画来学习按钮的制作和脚本动作的添加。

项目构思

悠闲的八戒迈着四方步踱至镜前，看到镜中的“八戒”，觉得很丑。又遭到“镜子内八戒”的取笑。于是他决定要变化一番，以免受人嘲笑。八戒究竟是如何变化的，我们将设置当单击不同的按钮时，八戒会有不同的变化。效果如图 6-1 所示。

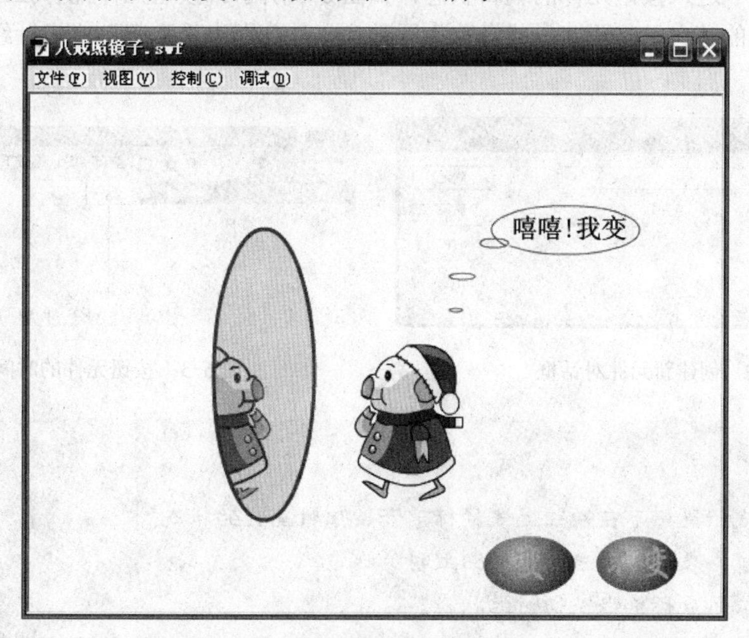

图 6-1 八戒照镜子效果图

项目实施

本项目由创建按钮、八戒照镜子两个任务来完成。

任务一　创 建 按 钮

一、任务描述

按钮是 Flash 的基本元件之一，在 Flash 中按钮用来响应鼠标事件，通过脚本控制就能够产生按钮交互，是实现动画交互效果的关键对象。本例将制作一个具有音效的动态按钮。

二、自己动手

1．创建按钮元件

新建 Flash 文档，执行“插入”→“新建元件”命令，打开“创建新元件”对话框，在该对话框中，输入名称为“变”，类型为“按钮”，如图 6-2 所示。

单击“确定”进入按钮元件的编辑状态，如图 6-3 所示。按钮元件拥有独立的时间轴，但和主时间轴不同的是它只有四帧，或者称为四种状态，分别为“弹起”、“指针经过”、“按下”、“点击”。

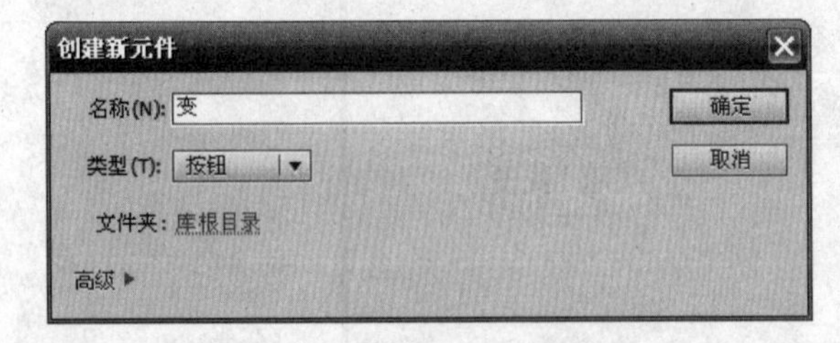

图 6-2　创建新元件对话框

图 6-3　按钮元件的时间轴

小知识

弹起帧：表示鼠标不在按钮上或鼠标离开按钮时呈现的状态。

指针经过帧：表示鼠标移动到按钮上时的状态。

按下帧：表示鼠标单击按钮时的状态。

点击帧：是指鼠标的响应区，这个关键帧中的图形将决定按钮的有效范围。在播放时该帧上的对象是不可见的。

2．制作“弹起”帧状态

将图层 1 命名为“椭圆”，使用椭圆工具绘制一个椭圆，其颜色设置如图 6-4 所示。

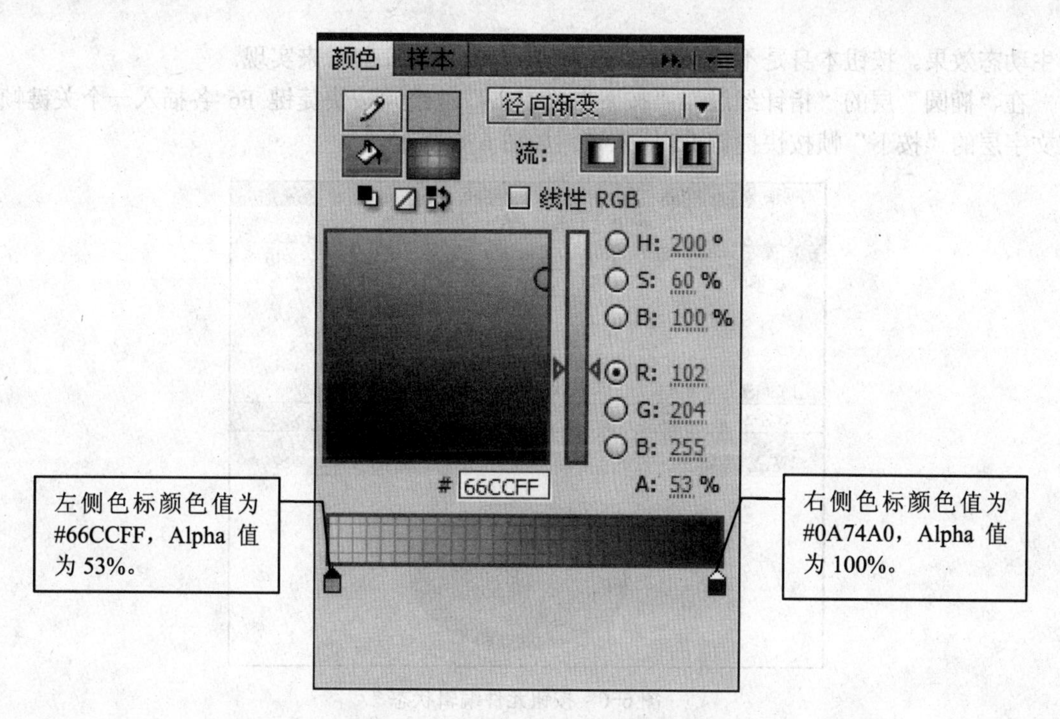

图 6-4　“弹起”帧椭圆的颜色设置

单击插入图层按钮，创建名为“文字”的新图层，选择文本工具 T，输入文字“变”，其时间轴和舞台效果如图 6-5 所示。

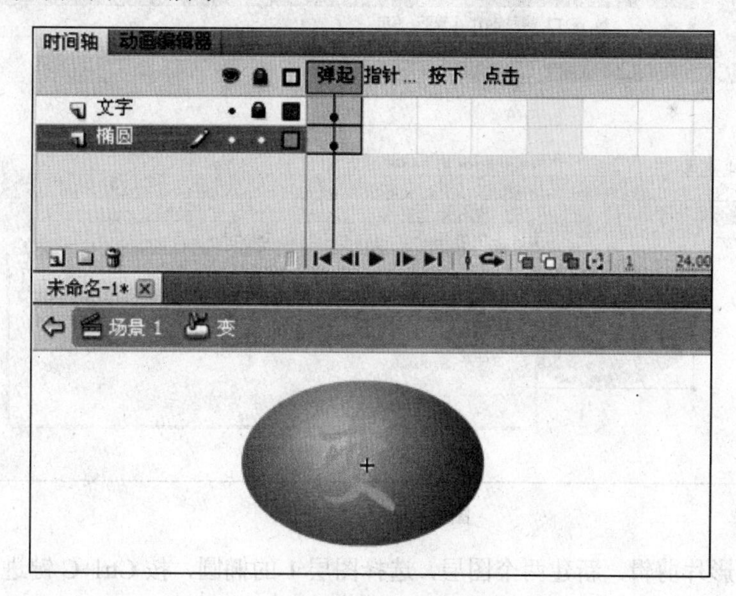

图 6-5　按钮元件弹起状态的制作

3．制作指针经过动画

接下来制作“指针经过”帧的状态。本例希望达到的目的是，当鼠标指针移到按钮上时，产生动态效果。按钮本身是不会产生动画的，需要嵌套影片剪辑来实现。

在“椭圆”层的“指针经过”、“按下”、“点击”三个帧按快捷键 F6 各插入一个关键帧，在文字层的“按下”帧按快捷键 F5 插入帧。如图 6-6 所示。

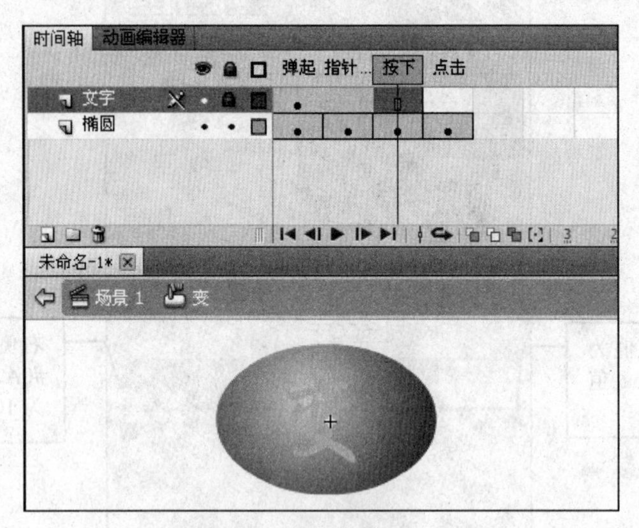

图 6-6　按钮元件编辑状态

选中“指针经过”帧的椭圆，按快捷键 F8 将其转换为名为“变形椭圆”的影片剪辑元件。如图 6-7 所示。

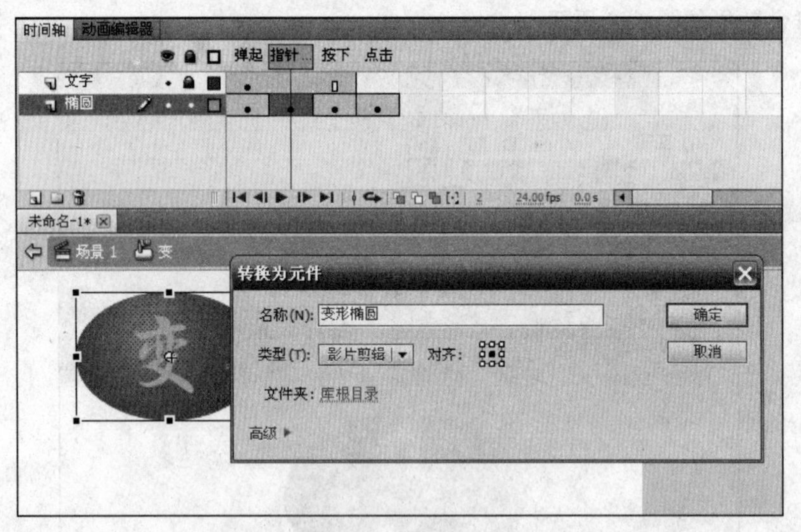

图 6-7　转换为元件

双击进入该影片剪辑，新建两个图层，选择图层 1 的椭圆，按 Ctrl+C 键进行复制，接着选择图层 2 的第 1 帧，按 Ctrl+Shift+V 键进行原位置粘贴。

在图层 2 的第 7 帧处按快捷键 F6 插入关键帧，按下键盘上的 Alt 键，用任意变形工具将第 7 帧的椭圆沿中心放大，如图 6-8 所示。在“混色器”面板中将该椭圆放射状填充的两侧色标的 Alpha 值都设为 0%，即完全透明。

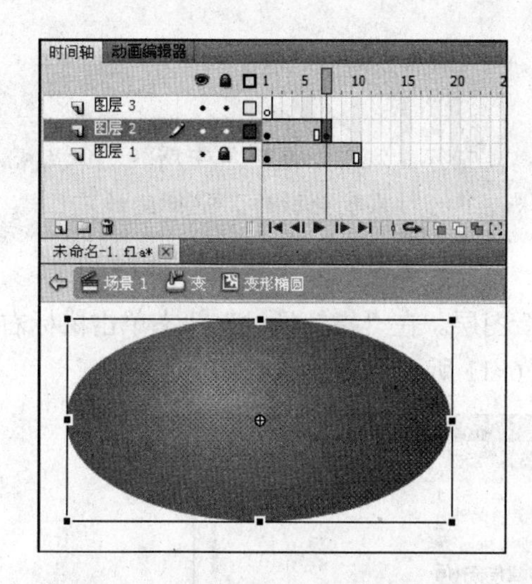

图 6-8　按下 Alt 键使椭圆沿中心缩放

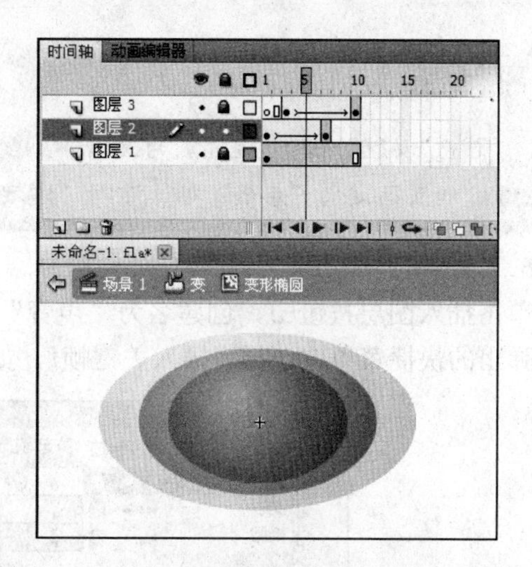

图 6-9　变形椭圆最终动画效果

选中图层 2 第 1 帧到第 7 帧之间的任意帧，在属性面板的“补间”选项中选择“形状”，这样就形成椭圆沿中心向外扩大，且逐渐消失的效果。用同样的方法在图层 3 也制作椭圆放大且逐渐消失的动画。制作完成后的时间轴和舞台效果如图 6-9 所示。

4．制作指针按下动画

切换到“变”按钮元件的编辑状态，选择“椭圆”层“按下”帧的椭圆，在混色器面板中将它的颜色填充为砖红色的放射状填充。颜色设置如图 6-10 所示。这样当鼠标按下该按钮时，按钮的颜色将会改变。

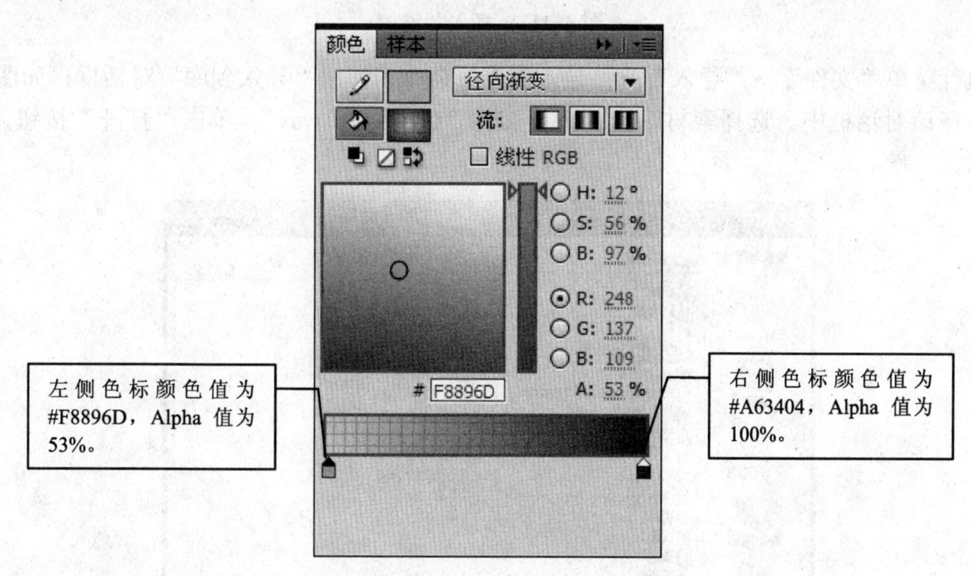

图 6-10　“按下”帧椭圆的颜色设置

5．设置点击区域

“点击”帧的状态中只是用来限定按钮的有效区域，除大小、形状外，它的颜色、内容并不重要。所以这里直接沿用前面第 1 帧的对象即可。

“点击”帧的内容，在播放时是看不到的，但是它可以定义对鼠标单击所能够做出响应的区域。如果不定义“点击”帧，这时“弹起”状态下的对象就会被作为鼠标的响应区域。

6．为按钮添加声音特效

单击插入图层按钮，创建名为“声音”的新图层。在“指针经过”状态单击鼠标右键，从其弹出的快捷菜单中选择“插入关键帧”，如图 6-11 所示。

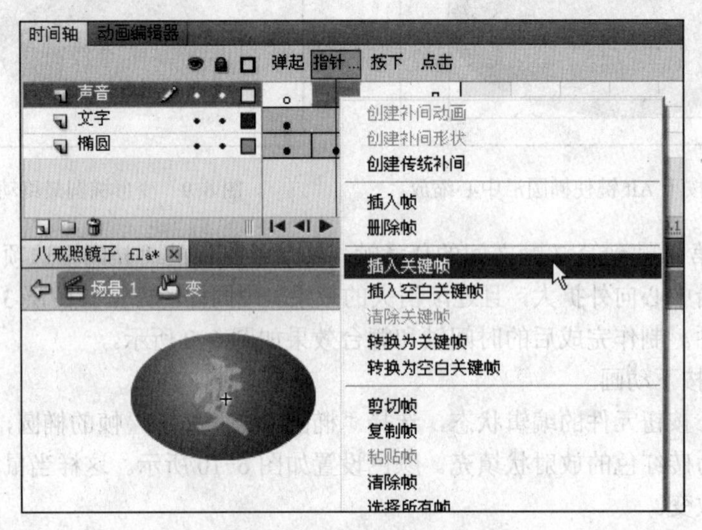

图 6-11　插入关键帧

执行菜单“文件”→“导入”→“导入到库”命令，弹出“导入到库”对话框，如图 6-12 所示。在该对话框中，选择素材库里的声音文件“Click_001.wav”，单击“打开”按钮，将声音导入。

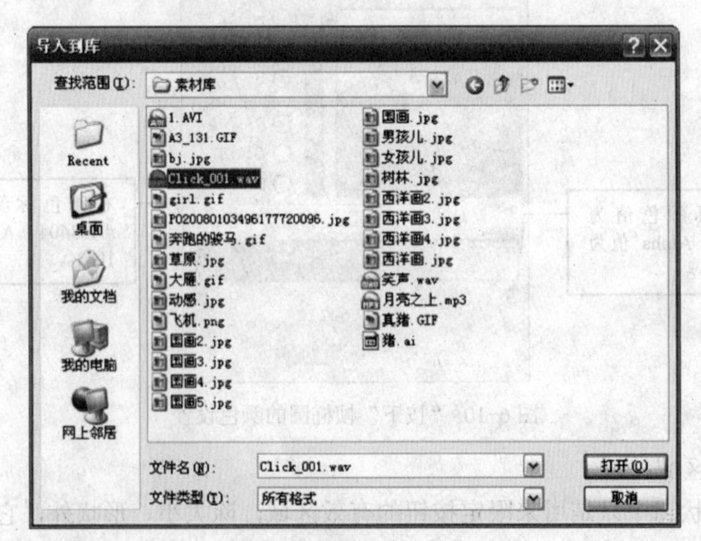

图 6-12　“导入”对话框

导入后的声音并不直接出现在舞台上，而是出现在库中。按快捷键 F11 打开元件库，选择“声音”层的“指针经过”帧，将库中的“Click_001.wav”直接拖到舞台上，之后在“声音”层就会出现所添加的声音的波形。如图 6-13 所示。

至此，具有音效的一个动态按钮就完成了，从库中将其拖入舞台。按 Ctrl+Enter 键测试影片，当鼠标移到按钮的响应区域即可看到按钮的动画效果并听到声音效果了。

7．直接复制按钮

按快捷键 F11 打开“库”面板，右键单击“变”按钮，从弹出的快捷菜单中选择“直接复制”命令，复制出两个按钮，分别双击进入这两个新按钮的编辑状态，将文本改为“不变”和“再来一次”。如图 6-14 所示。

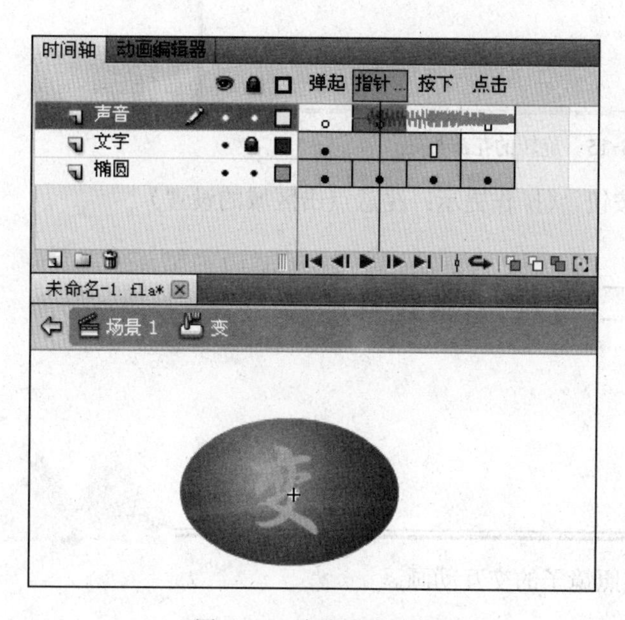

图 6-13　给按钮添加音效

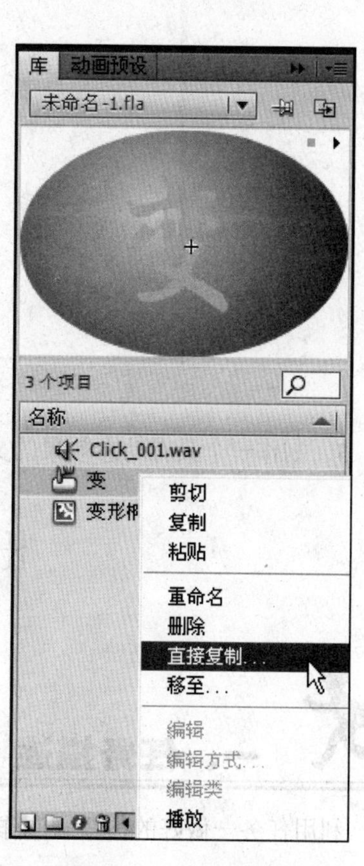

图 6-14　直接复制元件

8．保存文档

执行“文件”→“保存”命令，保存该文档，文档名为“八戒照镜子”。

三、举一反三

1．制作一个简单的颜色变化的按钮，该按钮当指针滑过和指针按下时，颜色会有不同的

变化。

2．制作一个包含音效的旋转花瓣按钮。效果如图 6-15 所示。可参照“举一反三”文件夹中的“旋转花瓣按钮.fla”实例。

图 6-15　旋转的花瓣按钮

3．制作一个具有动态效果的文字按钮。（操作提示：注意点击区域的设置）

任务二　八戒照镜子

一、任务描述

利用任务一做好的按钮，制作八戒照镜子的交互动画。

二、自己动手

1．绘制一面镜子

打开任务一中创建的文档，将图层 1 命名为镜子。选择椭圆工具，绘制如图 6-16 所示椭圆，并把镜子内部颜色的 Alpha 值设为 41%，然后将该层锁定。

2．导入外部素材

单击插入图层按钮，插入图层 2。执行“文件”→“导入”→“导入到舞台”命令，选择素材库中的“猪.ai”文件，如图 6-17 所示。

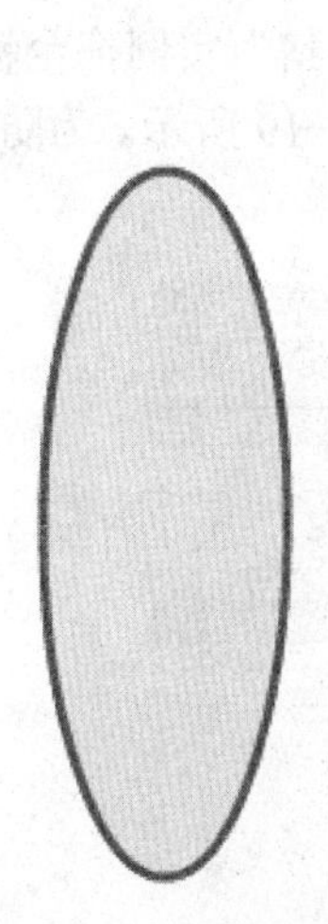

图 6-16　镜子

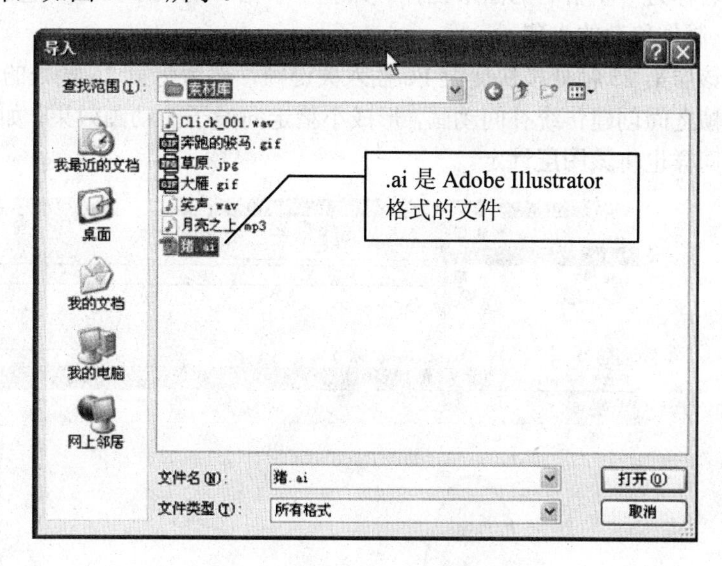

图 6-17　导入对话框

单击“打开”按钮，会出现将“猪.ai”导入到舞台对话框，如图 6-18 所示。其中包含将 Adobe Illustrator 文件导入到 Flash 中的一些相关选项。本例中直接使用默认设置即可。

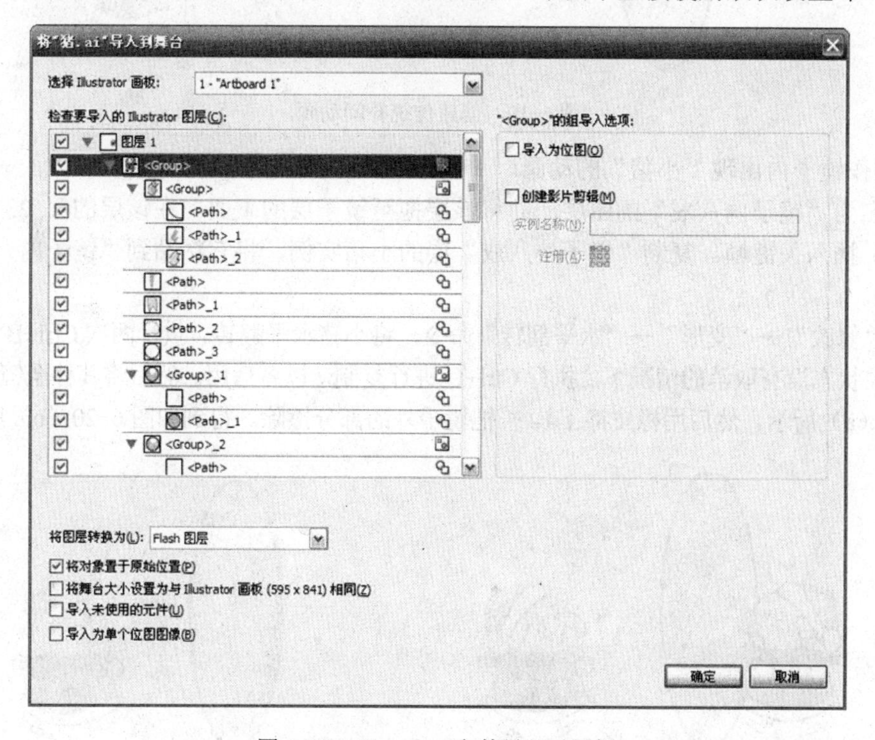

图 6-18　Illustrator 文件导入对话框

将图层 2 重命名为“镜子外八戒”，用选择工具 将舞台上的小猪选中。按快捷键 F8 将其转换为名称为“小猪”的图形元件。调整“小猪”的大小，并将它放到舞台右侧的工作区内。

3．制作移动的小猪。

在该层第25帧处按快捷键F6插入关键帧，然后将第25帧处的“小猪”实例拖至镜子前。在这两帧之间创建传统补间动画，形成小猪走向镜子的动画效果，如图6-19所示。为防止错误操作，同样也将该图层锁定。

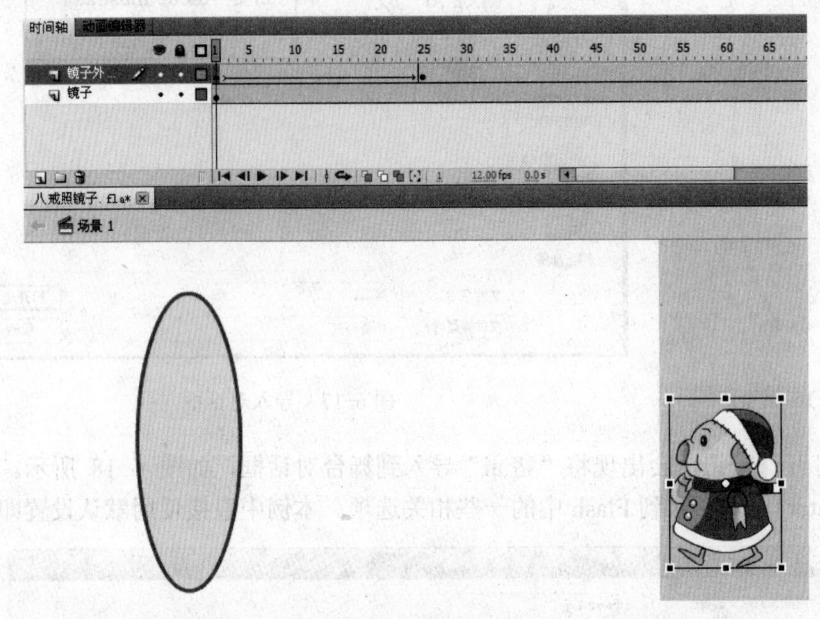

图6-19　创建传统补间动画

4．制作镜子内出现“小猪”的动画。

新建名为“镜子内八戒”的图层，并将该层拖至镜子层的下面。在该层的第23帧处，按快捷键F6插入关键帧。复制“镜子外八戒”层的小猪实例，将它粘贴到“镜子内八戒”层的第23帧处。

执行“修改”→“变形”→“水平翻转”命令，将小猪水平翻转。执行两次Ctrl+B将其打散。在它的选中状态没有取消的情况下，执行Ctrl+C进行复制，以备后用。然后将其移至镜子内侧前，如图6-20（a）所示。然后用橡皮擦工具把镜子外的部分擦除。得到如图6-20（b）所示结果。

（a）　　（b）

图6-20　镜子内小猪出现的动画制作

在第 24 帧位置按快捷键 F7 插入空白关键帧，执行 Ctrl+Shift+V 把刚才复制的小猪原位置粘贴。将它再往前移动一点，然后用橡皮擦工具把镜子外的部分擦除。如图 6-21（a）所示。用同样的方法，在第 25 帧处做成如图 6-21（b）所示效果。

图 6-21　镜子内小猪出现的动画制作

这样，就做成了外面小猪走过来，并在镜内出现的效果。

5．制作舞台旁白

新建两个图层，分别为“镜子外旁白”、“镜子内旁白”。选择“镜子外旁白”层的第 29 帧，按快捷键 F7 插入空白关键帧。在该帧输入第一句话“哈，这是哪位”。选中第 43 帧，输入第二句话“好丑噢……”。选中第 54 帧，按快捷键 F7 插入空白关键帧。

选择“镜子内旁白”的第 54 帧，按快捷键 F7 插入空白关键帧，输入镜内小猪的第一句话“就是你嘛，笨笨”。其时间轴和舞台效果如图 6-22 所示。

图 6-22　加旁白

选择“镜子外旁白”的第 74 帧，按快捷键 F7 插入空白关键帧，输入镜子外小猪的第三句旁白“嘻嘻，我变”。

6．添加停止动作

选中第 74 帧处的关键帧，按快捷键 F9 打开“动作”面板，单击展开“全局函数”下面的“时间轴控制”，双击“stop”，如图 6-23 所示，即可将该代码添加到指定的帧上。这样当动画播放到该帧时，就会停止播放。

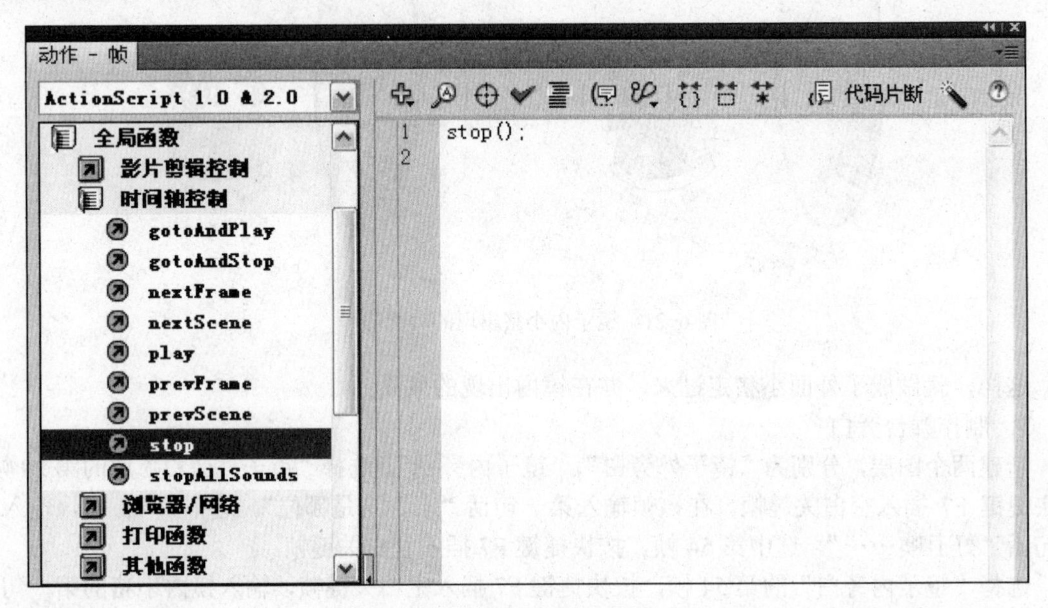

图 6-23　动作面板

对于比较熟悉 Flash 脚本语言的用户来说，可直接在动作面板的右侧输入代码。

7．创建名为“按钮”的新图层

在“按钮”层的第 74 帧位置插入关键帧。按快捷键 F11 打开“库”面板，从库中将“变”和“不变”按钮拖入到第 74 帧舞台右下方的合适位置。

提个醒

按钮本身并不能产生交互效果，只有对按钮添加了相应的动作脚本后，按钮才能起到相应的控制作用。

单击选中舞台上的“变”按钮，按快捷键 F9 打开“动作”面板，输入如下代码：

```
on (release) {
    got oAndPlay("a"):
}
//当鼠标单击并且释放按钮时，就跳转到该场景“帧标签”为“a”的帧继续播放。
```

同样，选中舞台上的“不变”按钮，打开“动作”面板，输入如下代码：

```
on (release) {
    gotoAndPlay("b"):
}
//当鼠标单击并且释放按钮时，就跳转到该场景“帧标签”为“b”的帧继续播放。
```

这里帧标签为“a”和“b”的两个帧，分别代表八戒变化和不变化两段动画的起始帧位置。

提个醒

当对按钮添加动作时，必须先单击选中按钮，然后再打开动作面板添加动作。也就是说你要先确定添加的动作是作用于谁。

8．制作“变”和“不变”所对应的动画效果

单击选择“镜子外八戒”层的第75帧，按快捷键F6插入关键帧，在属性面板中设置该帧的“帧标签”名称为“a”。属性面板设置如图6-24所示。设置帧标签后，关键帧上会出现一个红色的小旗和标签文字。

选中该关键帧，在右侧单击“动画预设”按钮，打开“动画预设”面板，选择“默认预设”下面的“快速移动”，单击“应用”按钮，即可将Flash提供的预设动画应用于该关键帧。如图6-25所示。

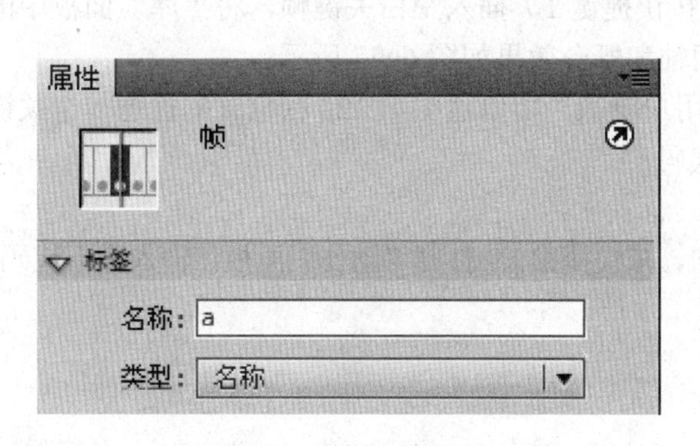

图6-24　设置“帧标签”

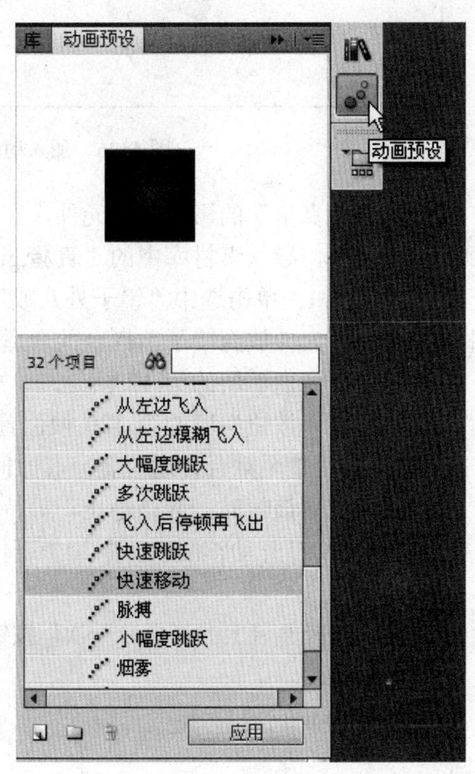

图6-25　“动画预设”面板

应用该动画预设后，Flash 自动在该层上面增加一个新层，在该层上即是此动画预设的动画效果，其时间轴和舞台如图 6-26 所示。

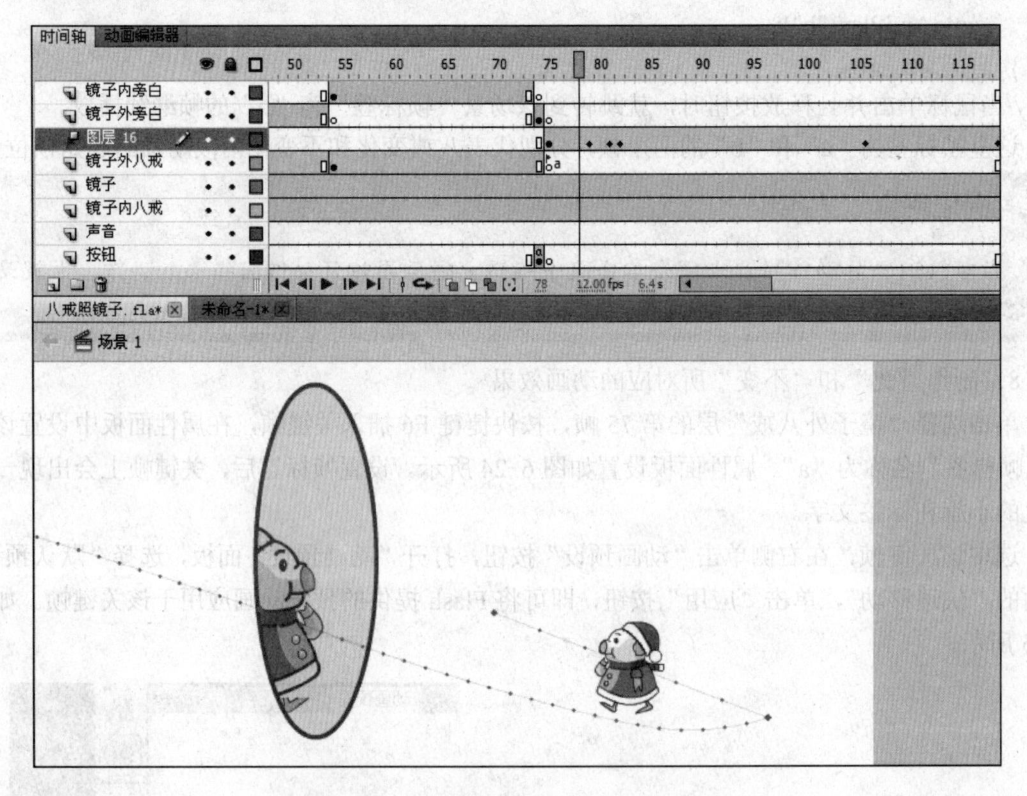

图 6-26　加入动画预设后的时间轴和舞台

新建名为“真猪”的影片剪辑元件，在该元件编辑状态，执行“文件”→“导入”→“导入到舞台”命令，导入素材库中的“真猪.gif”。

切换回场景 1，单击选中“镜子外八戒”层的第 120 帧，按快捷键 F7 插入空白关键帧，将库中的“真猪”元件放到镜子前舞台的合适位置，作为八戒变化后的形态。

在“镜子内旁白”层的第 12 帧处，单击快捷键 F6 插入关键帧。使用文本工具 T 输入文字“啊!!!”。在“按钮”层的第 120 帧位置按快捷键 F7 插入空白关键帧，将“库”面板中的“再来一次”按钮拖至舞台合适位置。其时间轴和舞台效果如图 6-27 所示。

当动画播放到该帧时，应该停止，等待用户响应。所以选中第 120 帧位置的任意一个关键帧，按快捷键 F9 打开动作面板，添加如下代码：

```
stop();
```

然后单击选择舞台上的“再来一次”按钮，按快捷键 F9 打开“动作”面板，输入如下代码：

```
on (release) {
    gotoAndPlay (1);
}
//当鼠标单击并且释放按钮时，就跳转到该场景的第 1 帧继续播放。
```

图 6-27　八戒变化后的时间轴和舞台

9．在“镜子外八戒”层制作八戒“不变”的动画

选中第 121 帧，将第 25 帧的“小猪”实例原位置复制到该帧上，并在属性面板中设置该帧的“帧标签”名称为“b”。

接下来的制作过程和上面相同，这里不再重复。

10．保存文档

执行“文件”→“保存”命令，保存该文档。本任务最终效果如图 6-28 所示。

图 6-28　八戒照镜子效果图

三、举一反三

1．制作一个简单的导航栏，效果如图 6-29 所示，该导航栏包括若干按钮，当单击不同的按钮时，会切换到不同的画面上。可参照“举一反三”文件夹中的“导航栏.swf”实例。

图 6-29　导航栏效果图

2．将“举一反三”文件夹中的“心理测试.swf”文件打开，观察其效果。独立完成它的制作过程。效果如图 6-30 所示。

图 6-30　心理测试效果图

项　目　七

Flash MV——月亮之上

项目概述

悠扬的乐曲，配上精美的动画，这是目前互联网上最常见的一种音乐表现形式，也就是大家常说的Flash MV。“MV”的英文全称是“Music Video”，即音乐视频的意思，就是用视频的形式把音乐表现出来。想一想，把你喜欢的歌曲配上优美的画面以动画形式表现出来是一件多么让人兴奋的事情啊。

图7-1　“Flash MV——月亮之上”效果图

项目构思

制作MV是将Flash中所学的基础知识与动画实例相结合的综合应用的具体表现。当然制作的关键也包括要熟悉歌曲，理解歌词的意境，把握词作者想要表达的思想，然后利用在Flash

中所学到的基础知识，在音乐的基础之上配以合适的动画。本项目以歌曲《月亮之上》为例，分析歌词意境，构思适合的动画情景，将 Flash 动画与自己喜欢的音乐完美组合，制作出自己的第一部 MV 作品。

就这首歌的歌词而言，它的句式很精短，却极富音乐节奏感。听着悠扬、流畅且独具蒙古族风格的旋律，仿佛置身于广阔的大草原，一股清新的草原之风扑面而来，月亮离自己很近，周围万籁寂静，只有歌声飘荡在空中，久久不曾散去。当唱到"昨天遗忘，风干了忧伤，我要和你重逢在苍茫的路上……"我们开始感到这是一首写爱情的歌了。而这种爱情，可以看做是唱给远方的恋人的，也可以看做是唱给远方心中眷恋的故乡的。

根据歌词的意境，可大致把动画情节分为如下八个部分。

第一部分：草原上，一轮明月缓缓升起。

第二部分：出现蒙古族女子背影，仰望空中明月，两只大雁从空中飞过。

第三部分：舞台左侧出现飞舞的树叶，女子背影淡出。

第四部分：在飞舞的树叶中，女子从右侧走出，草原尽头，蒙古青年的背影渐渐远去。

第五部分：镜头切换，依旧是女子背影、明月，一群马儿从草原上奔驰而过。

第六部分：天渐渐亮了，一轮红日从天边缓缓升起。

第七部分：又看到他的身影在树下孑然而立，女子仿佛感觉到他的气息，离自己越来越近……

第八部分：雪花飘落，镜头切换回最初的画面，背影、明月……

图 7-2　雪花飘落场景

提个醒

千万不要以为这个步骤可有可无，一定要拿出纸和笔，把你脑海中所想的、所设计的画面用尽可能详细的语言描述出来 。你可以边听音乐，边构思故事情节。不怕做不到，就怕想不到。

项目实施

本项目由制作动画形象、歌词与音乐同步、动画合成三个任务构成。

任务一　制作动画形象

一、任务描述

在本任务中，将完成各种画面素材和主要角色的制作。如果怕自己画得不好，也可以利用扫描仪扫描一些现成的图片素材，然后在 Flash 里面参照着描一遍。

二、自己动手

首先绘制基本的视觉元素，包括主要人物和道具等。

1．主角形象的绘制

这里要表现的是一个女子的背影形象。创建名为“女背影”的影片剪辑元件，在该元件的编辑状态下，首先将图层 1 重命名为“身体”层，用铅笔工具勾勒如图 7-3 所示的背影形象。

接着用颜料桶工具为其填充湖蓝色。填色后的效果如图 7-4 所示。

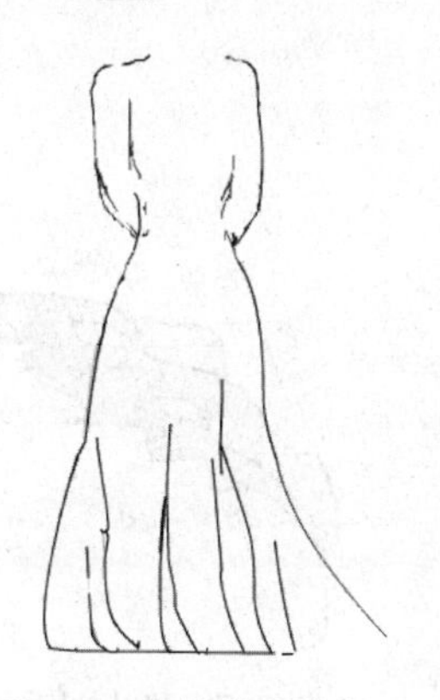

图 7-3　简单背影线条

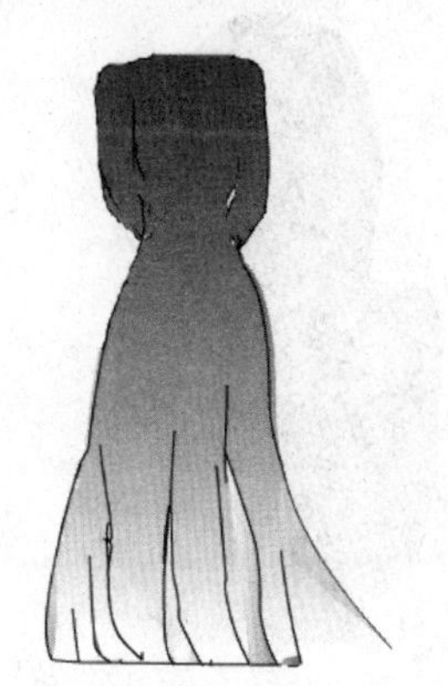

图 7-4　填色后的背影

提个醒

用颜料桶填色时，可以先选择一种其他颜色，将背影线条补充为一个封闭的区域，否则，即使选择了填充选项中的“封闭大空隙”选项，也会出现填不上色的后果。注意填完色后，将补充的其他颜色的线条删掉即可。

新建名为“头发”的图层，使用椭圆工具绘制一个无边线的黑色椭圆，然后用选择工具调整成如图 7-5（a）所示形状，接着按下键盘上的 Ctrl 键，结合选择工具拖出发丝，最终效果如图 7-5（b）所示。

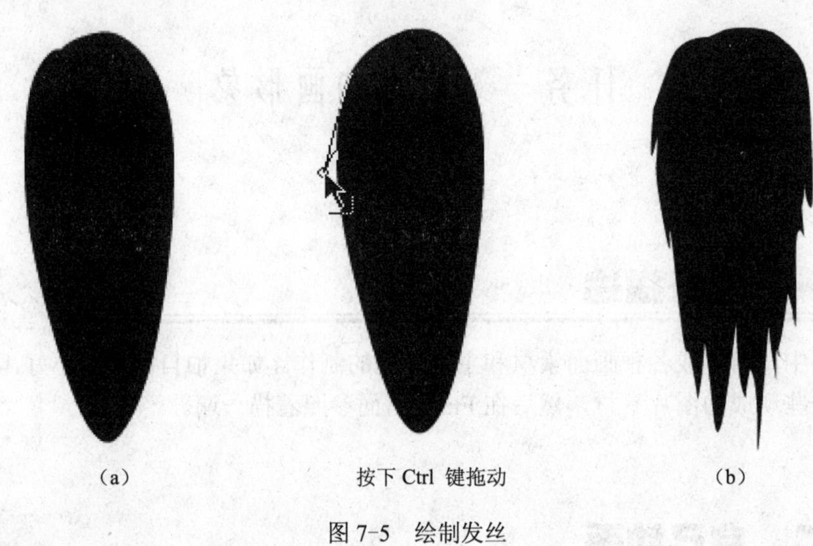

（a）　　按下 Ctrl 键拖动　　（b）

图 7-5　绘制发丝

为了体现民族特色，给其发部添加一些小装饰。新建名为“头饰”的图层，绘制简单条形发带，得到效果如图 7-6 所示。

创建名为“静止羽毛”的图形元件，绘制如图 7-7 所示羽毛形状。接着再新建名为“动态羽毛”的影片剪辑元件，在“动态羽毛”元件的编辑状态，利用静止羽毛元件创建补间动画，制作羽毛轻轻摆动的动态效果。

图 7-6　头饰

图 7-7　静止羽毛

新建名为“羽毛”的图层，将刚才制作的“动态羽毛”元件放在该层合适的舞台位置。

为了增加动感，在“身体”层和“头发”层，添加若干关键帧，分别向一侧调整衣服和头发的形状，形成长发飘飘和衣裙飘飘的动画。其舞台和时间轴的最终效果如图 7-8 所示。

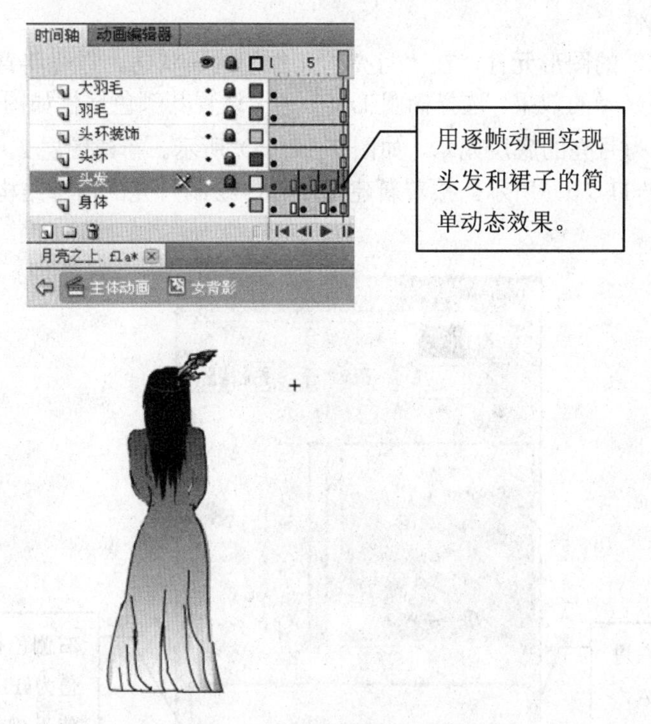

图 7-8　女子背影最终效果图

使用同样方法，绘制女主角的侧面形象和男主角的图像，如图 7-9 所示。

图 7-9　女主角侧影和男主角

2．附加物品和景物的绘制

附加物品也是动画构成的一个重要组成部分，可以为影片添加不少活力。本动画中用到的配角有月亮、大雁和草原。

（1）制作月亮元件

新建名为“月亮”的图形元件，在“月亮”元件的编辑状态，首先将背景色设为深蓝色，为的是能衬托出月亮光晕的效果。选择椭圆工具，设置其颜色属性如图 7-10 所示。绘制一个无边线的正圆，作为月亮的底层光晕，如图 7-11（a）所示。新建图层 2，在该层绘制一个淡黄色的小圆，如图 7-11（b）所示。接着新建图层 3，绘制月亮的内部结构，其最终效果如图 7-11（c）所示。

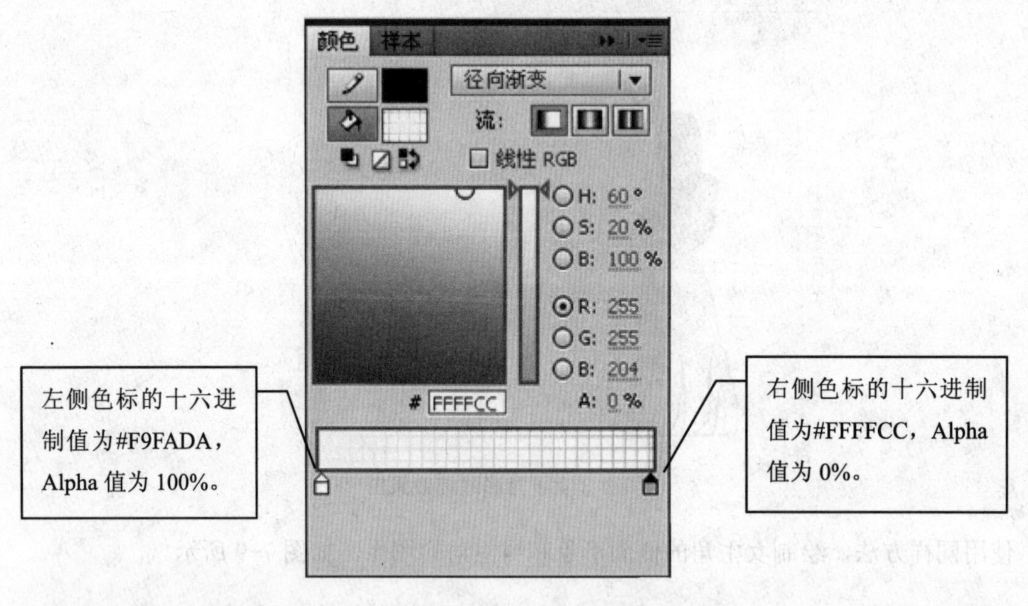

图 7-10 “月亮”光晕的填充颜色属性

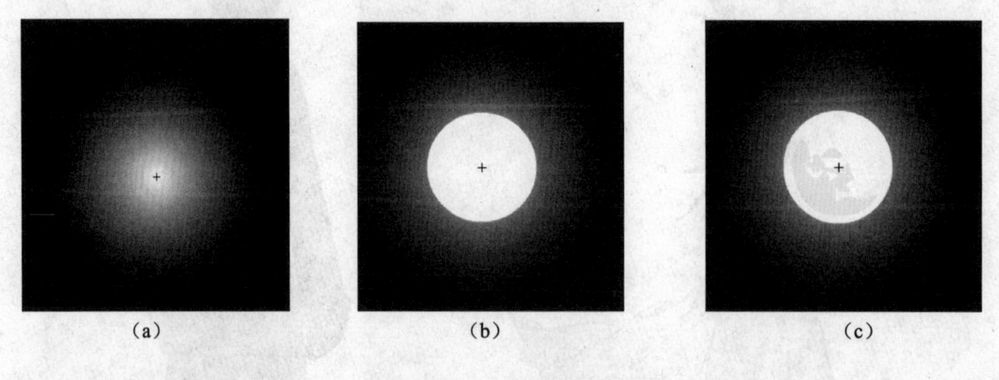

图 7-11 绘制月亮

（2）制作另一个配角大雁

新建名为“大雁”的影片剪辑元件。在“大雁”元件的编辑状态，执行“文件”→“导入”→“导入到舞台”命令，将素材库中的“大雁.gif”导入到舞台。然后新建图层 2，在图层 2 上，参照图层 1 的每一个关键帧，分别绘制大雁飞行的四个关键帧，其时间轴和舞台效果如图 7-12 所示。

最后，将图层 1 删除，保留图层 2，这样循环播放之后就形成大雁飞翔的动画，其时间轴和舞台效果如图 7-13 所示。

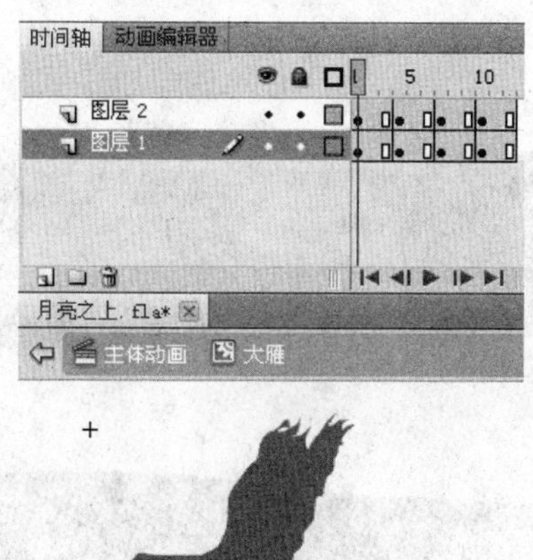

图 7-12　参照描绘大雁飞翔的动作

图 7-13　大雁飞翔

（3）绘制草原场景

使用钢笔工具勾勒如图 7-14（a）所示草的外轮廓线，然后用颜料桶工具填色，如图 7-14（b）所示。选中外轮廓线条，将其删除。再用选择工具将它调整成如图 7-14（c）所示草形状。选中所画小草，将其转换为名为“小草”的影片剪辑元件。

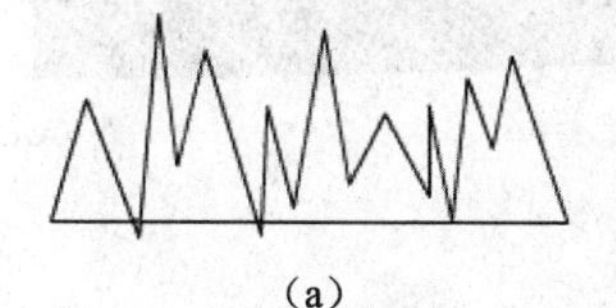

（a）

（b）

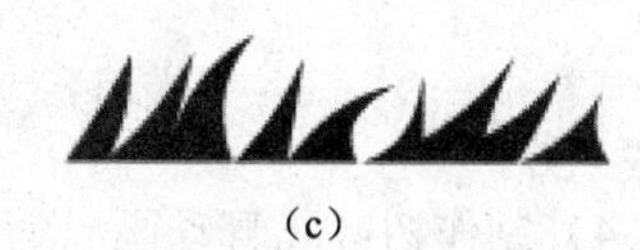

（c）

图 7-14　绘制小草的外形

双击进入“小草”元件的编辑状态，在当前图层上再插入 3 个关键帧。然后分别调整它的外形，4 个关键帧的形态如图 7-15 所示。这样就形成小草微微摆动的动画效果。

图 7-15　小草摆动的 4 种形态

注意在调整过程中要保持小草的下水平线不动，这样才能形成小草原地摆动的效果。

绘制出大片草原的场景，并将做好的小草穿插其中，如图 7-16 和图 7-17 所示，并将其转换为图形元件备用。

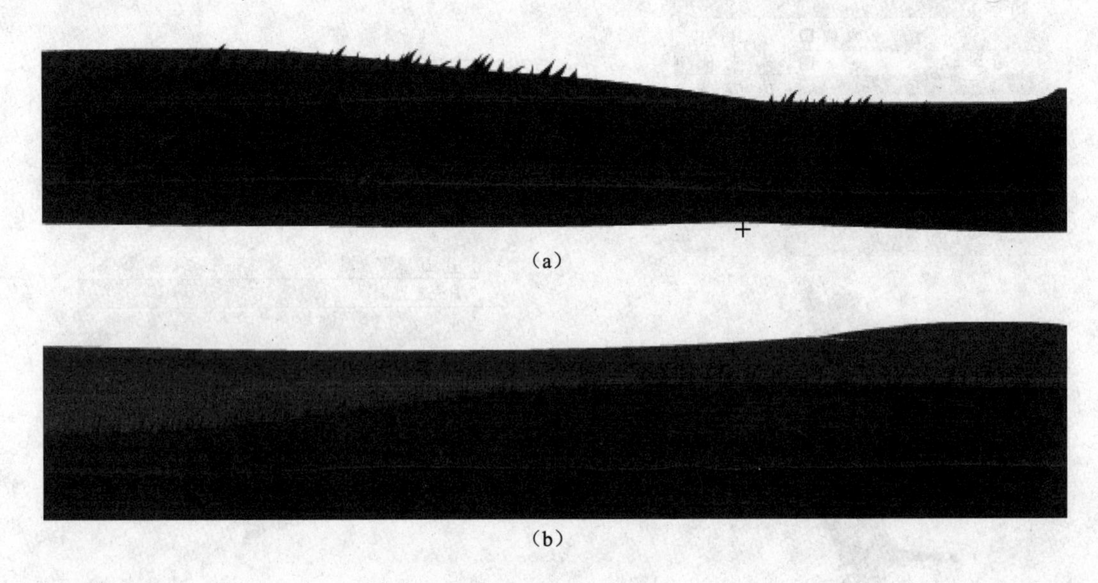

图 7-16　夜晚的草原

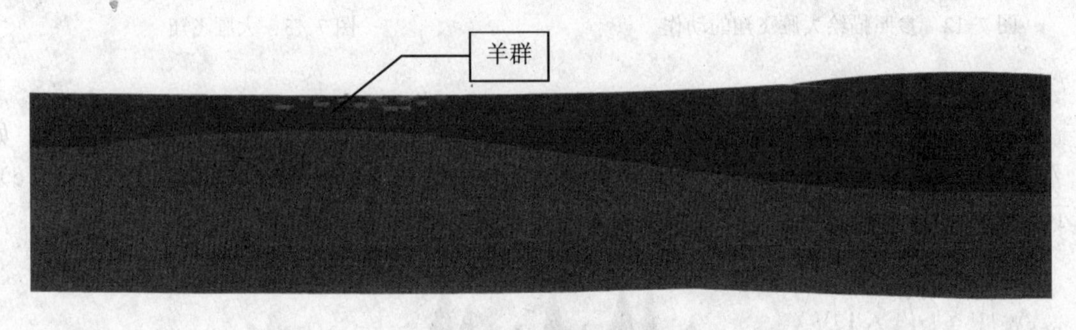

图 7-17　天亮后的草原

（4）制作树叶飞舞动画

绘制如图 7-18 所示叶片，将其选中并转换为影片剪辑，名为“落叶”。双击影片剪辑，进入元件编辑模式。

图 7-18　绘制叶片

在“落叶”元件编辑状态下，设置 20 个关键帧，用任意变形工具调整各个关键帧中的叶片形状，如图 7-19 所示。

选择影片剪辑“落叶”时间轴上第一个关键帧，打开动作面板，添加如下代码，进行初始化：

图 7-19　20 个关键帧中的叶片

```
VX=Math.random()*20;
//设置落叶横向平均速度，取值范围为 0～20。
VY= Math.Random()*5;
//设置落叶纵向平均速度，取值范围为 0～5。
R= Math.Random()*20–10;
//设置落叶的平均旋转速度，取值范围为–10～10。
gotoAndStop(Math.ceil(Math.random()*_totalframes));
//随机跳转到某一个帧，并显示该帧中的叶片。
```

以//开头的语句为注释语句，它对程序的运行没有任何影响。

继续添加代码，定义一个逐帧函数：

```
onEnterFrame=function(){
    f=_currentframe;
    //用变量 f 记录当前帧。
    n=Math.random();
    //获取一个随机数 n。
  if (n<0.4){
//如果 n 小于 0.4，则向前偏转一帧。
f– –;
if(f==0){
   f=_totalframes;
}
}
If (n>0.6){
   //如果 n 大于 0.6，则向后偏转一帧。
 f++;
 if (f>_totalframes){
    f=1;
 }
}
 gotoAndStop(f);
//跳转并停止到偏转后的帧。
_x+=(Math.random()*10+VX+3);
```

本例中，由于连续的帧显示出落叶的一连串形象，所以播放指针向前向后的移动，相当于叶片向左向右的翻滚。

```
    _y+=(Math.random()*10–5+VY+1);
    //添加一个随机数，并结合平均速度，重新设置横坐标和纵坐标。
    _rotation+=(Math.random()*30–15+R);
    //根据平均旋转速度，重新设置叶片的角度。
    If (x>550 || _y>400){
        //如果叶片超出舞台，则将其删除。
        This.removeMovieClip();
    }
};
```

提个醒

影片剪辑属性“_totalframes”表示影片剪辑的总帧数，“_currentframe”表示影片剪辑当前所在的帧序号。这两个值都是只读的，由影片剪辑当前的状态来决定，是无法在动作脚本中更改的。

小知识

脚本代码中，以//开头的语句为注释语句，它对程序的运行没有任何影响。添加注释可以使以后在修改或分析作品时，能很快了解程序的功能。

在需要注释的文本前直接加双斜线“//”就可将文本变为注释。但双斜线的作用范围只在一行之内。如果需要多行注释，可通过符号“/*”和“*/”来添加注释。

创建新的影片剪辑“飘舞的落叶”，将前面做好的影片剪辑“落叶”放到第一个关键帧上，并将“落叶”元件实例命名为“l_mc”，其属性面板如图 7-20 所示。

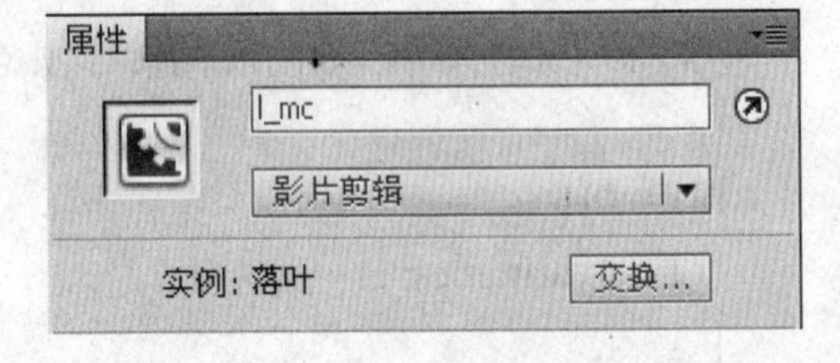

图 7-20　实例命名

选择影片剪辑“飘舞的落叶”时间轴上第一个关键帧，添加如下代码，进行数据初始化：

```
i=0;
//i 是树叶计数器
Rate=0.2;
//Rate 决定了树叶的密度。Rate 可以是 0～1 之间的任意数，值越大表明树叶越多
l_mc._alpha=0
//将_alpha 设置为 0，是让原来的对象完全透明，隐藏起来
```

其中变量 i 是树叶计数器。变量 Rate 代表树叶的密度，它可以是 0～1 之间的任意实数，值越大表示树叶越多。然后将 l_mc 实例的 alpha 值设为 0，让原来的对象完全透明，隐藏起来。

提个醒

影片剪辑属性“_alpha”表示影片剪辑的不透明度。“100”表示完全不透明，“0”表示完全透明。

继续添加如下代码，以帧频进行扫描，生成树叶：

```
onEnterFrame=function(){
 if (Math.random()>Rate) {
       return;
         //获取一个随机数。如果该值超出了 Rate 的值，那么返回，不生成叶片
}
l_mc.duplicateMovieClip("l"+i,i);
//创建一个新的叶片
this["l"+i]._x=Math.random()*500–500;
this["l"+i]._y=Math.random()*400–400+200;
//设置新叶片的横坐标和纵坐标
this["l"+i]._alpha=100;
//设置新叶片的透明度为 100，让新叶片完全显示出来
this["l"+i]._xscale=this["l"+i]._yscale=Math.random()*50+50;
//对叶片进行缩放
my_color=newColor(this["l"+i]);
//创建一个新的颜色对象，并绑定到影片剪辑本身
r=Math.floor(Math.random()*300);
//设置颜色偏转随机数
my_color.setTransform({rb:r});
//在红色方向上进行偏移
i++;
//树叶计数器加 1
if (i= =5000){
    i=0;
   //如果叶片数量超过 5000，重新设置树叶计数器为 0
}
};
```

提个醒

This["字符串"]表示访问当前对象中以指定字符串为名称的对象。例如"this["l_mc"]"表示访问当前对象中以"l_mc"为名称的对象。

将影片剪辑"飘舞的落叶"直接放置到场景中，即可自动复制很多飞舞的落叶，如图 7-21 所示就是其中一个落叶飞舞的画面。

（5）制作雪花飘落动画

选择铅笔工具，绘制如图 7-22 所示雪花，将其选中并转换为图形元件，名为"一片雪花"。

创建名为"雪花闪烁"的影片剪辑元件，利用刚才做好的"一片雪花"，创建补间动画，制作雪花原地变大变小的效果。

创建名为"飘落雪花"的影片剪辑元件，利用"雪花闪烁"元件，创建补间动画，制作雪花从空中慢慢飘落的动画。为了制造出雪花落地后渐渐消融的效果，可以让最后一个关键帧上

的“雪花闪烁”实例位置不变，只是在属性面板中把它的 Alpha 值设为 0% 。如图 7-23 所示。

图 7-21　落叶飞舞

图 7-22　一片雪花

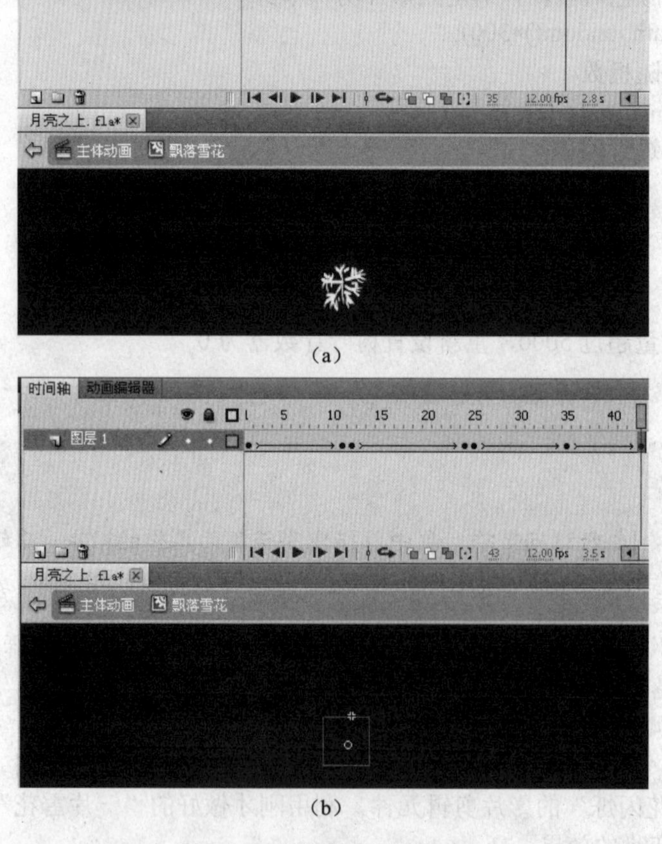

(a)

(b)

图 7-23　雪花落地后消融动画

3．保存文档

按 Ctrl+Enter 键测试影片，保存文件，命名为“月亮之上”。

三、举一反三

1．挑选自己喜欢的歌曲，为其构思动画情景。

2．制作自己构思的动画情景中所需的角色及景物。

任务二　歌词与音乐同步

一、任务描述

音乐文件有多种格式，Flash 中支持的音频格式有 wav、MP3 和 aiff 等。比较常用的是 wav 格式和 MP3 格式的音乐。

本任务中，将学习如何将音乐文件导入到 Flash 中，并在 Flash 中进行简单的编辑。然后给音乐加上歌词，使歌词与音乐同步，为下一任务的动画合成做准备。

二、自己动手

1．导入声音

打开“月亮之上”Flash 文档，将图层 1 重命名为“声音”。执行“文件”→“导入”→“导入到舞台”或者“导入到库”命令，在弹出的“导入”对话框中，选择所需的音乐文件，单击“打开”按钮，即可将声音文件导入至当前文档的库中。导入声音后的库如图 7-24 所示。

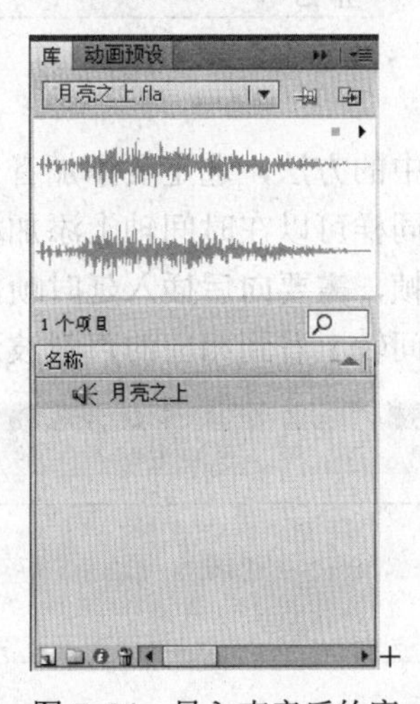

图 7-24　导入声音后的库

提个醒

声音与其他对象一样，需要放在关键帧上，建议创建一个“声音”层，尽量将声音单独放到一个图层中，以便于管理。

小知识

有些音乐文件即使是 MP3 格式的，但在导入时候会出现“读取文件时出现问题，一个或多个文件没有导入”的对话框，这是因为选择的音乐虽然是 MP3 格式的，但不是标准的 MP3 音频格式，或者说不是 Flash 支持的 MP3 音频格式，这时就需要借助第三方软件进行格式转换。在这里推荐大家使用 Goldwave。它不仅能实现格式转换，也能实现声音的剪辑操作。在 Goldwave 中打开所需的音乐文件，然后打开“另存为”对话框，选择“保存类型”为“MPGE 音频（*.MP3）”格式即可。

刚导入的声音并不出现在时间轴上，单击声音层的第一帧，打开属性面板，在“声音”选项列表中直接选择刚才导入的声音文件，如图 7-25 所示。可将声音添加到当前帧上。可以看到当前帧上出现一条短线，其时间轴效果如图 7-26 所示。

图 7-25　将声音导入关键帧

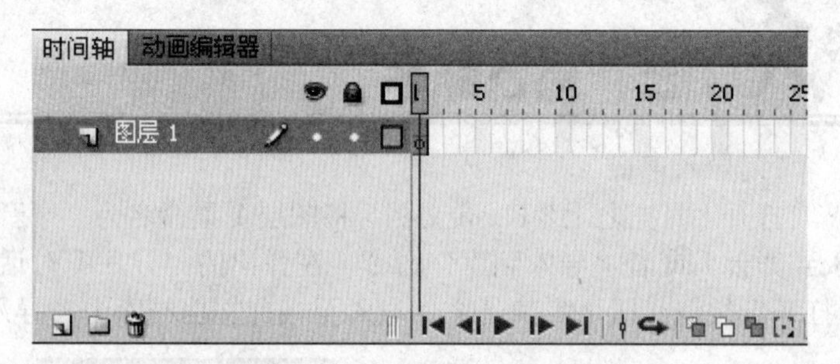

图 7-26　导入声音后的时间轴

还有一种将声音文件放到场景中的方法，选定要添加音乐的图层中的任一帧，将声音直接从库中拖到舞台上然后释放鼠标，同样可以在时间轴上添加相应的声音。

一般情况下声音文件都不止一帧，需要向后插入延时帧，选中第 2825 帧，按快捷键 F5 将帧序列延长到该位置。此时可在时间轴上看到相应的声音波形。如图 7-27 所示。

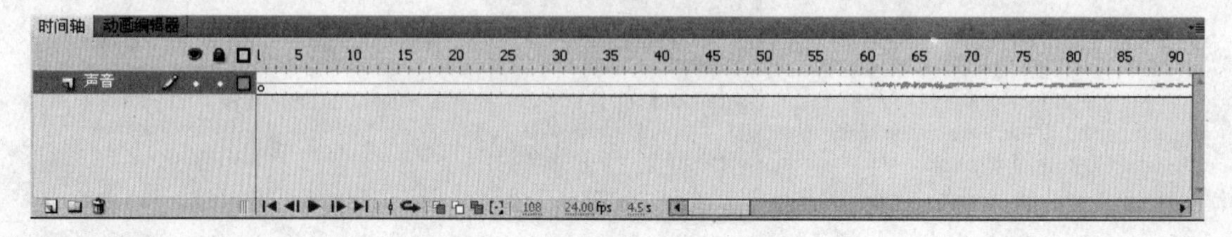

图 7-27　时间轴上的声音波形

提个醒

在本例中，声音文件的时间长度是235s(秒)，而帧频是每秒12帧，所以要把帧序列的总数延长到12×235=2820帧以上。

2．设置声音属性

选中“声音”层的任一帧，打开属性面板，将声音的同步方式设置为“数据流”，重复次数为1，如图7-28所示。此时按回车键，就可以听到声音了。

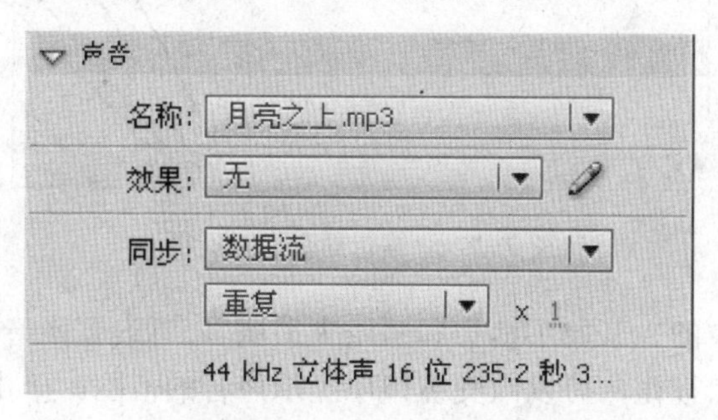

图7-28　同步方式的设置

提个醒

制作Flash MV时，一定要把声音的同步方式设为“数据流”，只有这样才可以使声音和MV的动画播放同步。

小知识

在Flash中声音和动画同步的方式有四种：事件、开始、停止、数据流。

“事件”选项会将声音和一个事件的发生过程同步起来。事件声音在它的起始关键帧开始显示时播放，并独立于时间轴播放完整个声音，即使SWF文件停止它也继续播放。当播放发布的SWF文件时，事件声音混合在一起。

“开始”与“事件”选项的功能相近，但如果声音正在播放，使用“开始”选项则不会播放新的声音实例。

“停止”选项将使指定的声音静音。

“数据流”选项将同步声音，强制动画和音频流同步。与事件声音不同，音频流随着SWF文件的停止而停止。而且，音频流的播放时间绝对不会比帧的播放时间长。当发布SWF文件时，音频流混合在一起。

3．声音的简单编辑

在首次制作MV时，可以只选择音乐中的一部分来制作。在本例中，我们采用的歌曲后面重复的内容很多，可以使用Flash提供的“编辑封套”对声音进行简单的编辑，将重复的部分删掉。选择“声音”层的任一帧，单击属性面板中的“编辑”按钮，弹出“编辑封套”对话框，

如图 7-29 所示。

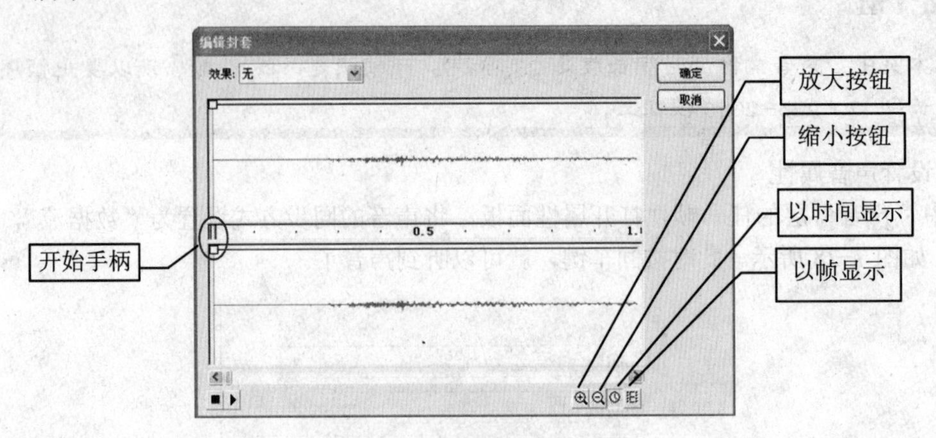

图 7-29 “编辑封套”对话框

单击“编辑封套”中的“开始手柄”和“结束手柄”，可设置声音的起始位置和结束位置。单击“放大”或“缩小”按钮，可以改变窗口中显示声音的范围。单击“秒”或“帧”按钮，可在秒和帧之间切换时间单位。Flash 默认显示的时间单位是秒。

向右拖动播放滑块，可以看到此声音一共是 235s（秒），如图 7-30 所示。

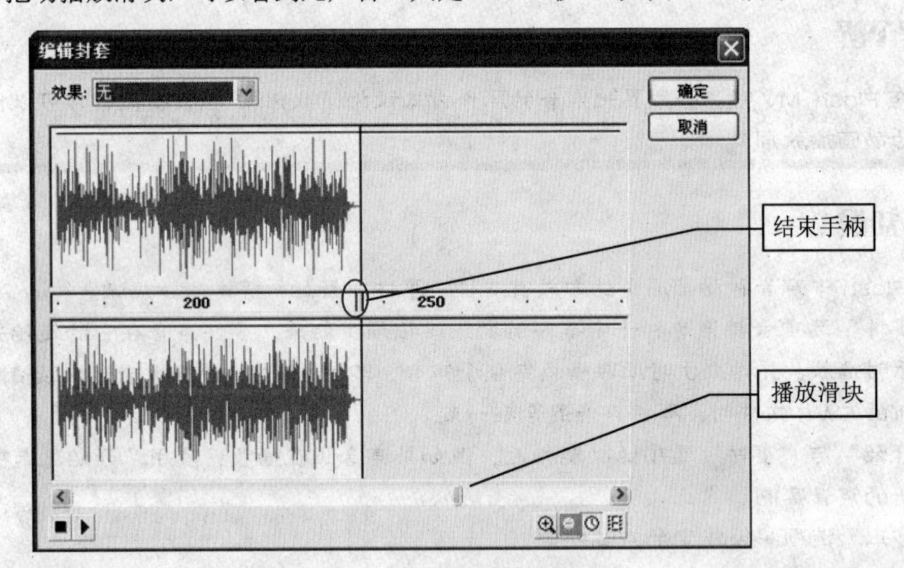

图 7-30 观察声音长度

单击“缩小按钮”，使声音的显示范围缩小，以方便操作。然后向左拖动“结束手柄”，将声音的结束点放在第 183s（秒）位置，接着在效果下拉菜单中选择效果为“淡出”，这样就可以把后面不要的声音删除，而且声音在结束时有个淡出的效果。如图 7-31 所示。

4．添加歌词，使歌词与声音、动画同步

（1）标识歌词位置。单击插入图层 ，在“声音”层上新建名为“标签层”的图层。如图 7-32 所示。

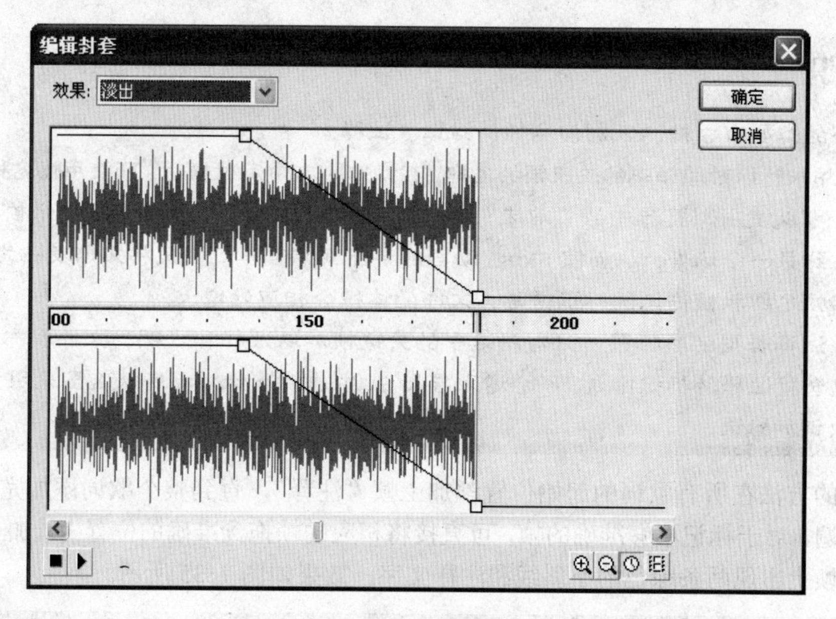

图 7-31　编辑声音

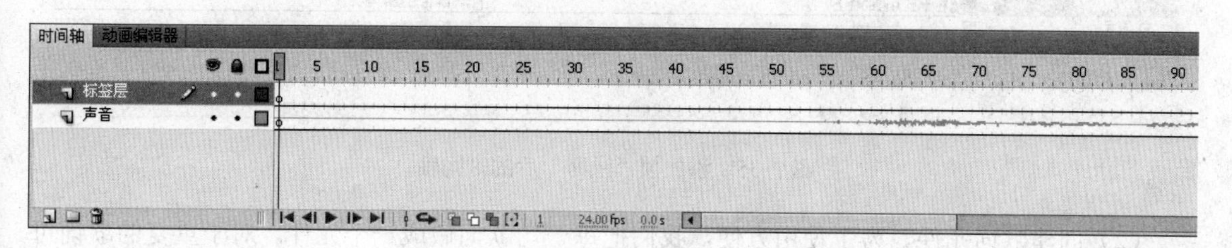

图 7-32　添加标签层

拖动“播放头”到第一帧的位置，按键盘上的回车键，本例的开头是四句女声旁白，所以第一句歌词是从第一帧开始的。当听到开始说第二句歌词时，再按一下回车键，音乐停止播放。我们看到红色的播放头停止在第 53 帧处，选中“标签层”的第 53 帧，按快捷键 F6 键，插入一个关键帧。保持第 53 帧处于选中状态，打开“属性”面板，在“帧标签”中输入第二句旁白的内容，如图 7-33 所示。

打开“标签类型”下拉菜单，选择标签类型为“注释”。如图 7-34 所示。

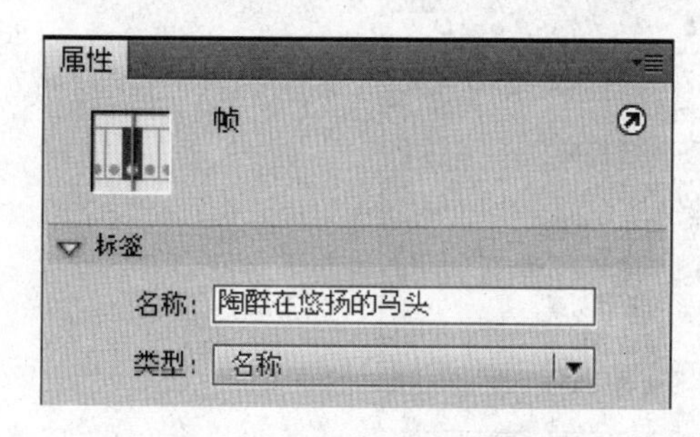

图 7-33　输入帧标签内容

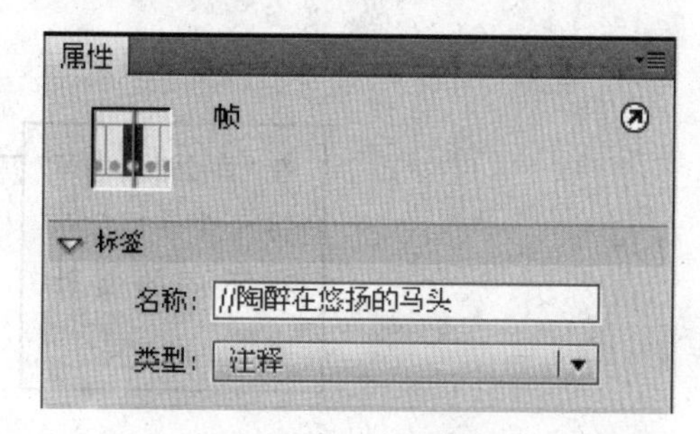

图 7-34　选择标签类型

小知识

帧标签的类型有 3 种，分别为名称、锚记、注释。

名称：用来标识时间轴中的关键帧的名称，在动作脚本中定位帧时，可使用帧名称来定位。

锚记：可以使用浏览器中的“前进”和“后退”按钮从一个帧跳到另一个帧，或是从一个场景跳到另一个场景，从而使 Flash 动画的导航变得简单。但是将文档发布为 SWF 文件时会包括帧名称和帧锚记的标识信息，文件的体积会相应地增大。

注释：注释类型的帧标签，只对所选中的关键帧加以注释和说明，文件发布为 Flash 影片时不包含帧注释的标识信息，不会增大导出 SWF 文件的大小。所以这里采用了“注释”类型来给歌词加标记。

用同样的方法在所有歌词的起始位置都加上帧“注释”，直到整个歌词添加完毕。然后，再从头听一遍，对于标记不够准确的帧，可直接将相应的帧拖到准确的位置上。加上帧“注释”之后，关键帧上出现两条绿色的小斜线和注释文字，效果如图 7-35 所示。

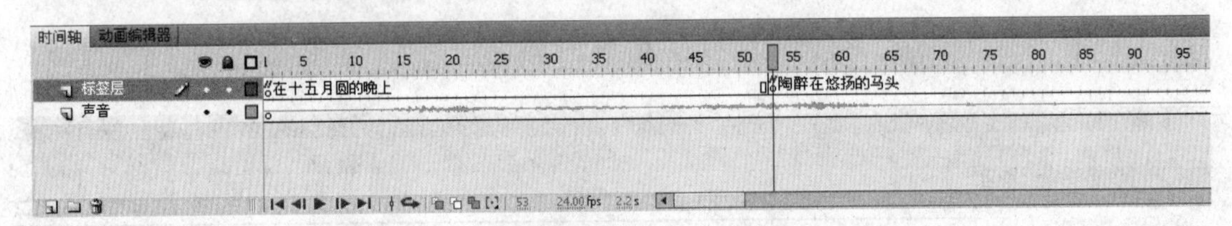

图 7-35　添加帧“注释”后的时间轴

（2）创建歌词元件。为了使用方便，我们把每一句歌词做成一个元件。对于重复的歌词可使用同一个元件。单击“库”面板中的“新建文件夹”按钮，创建一个“歌词”文件夹，把所有的歌词元件放在其中。库面板效果如图 7-36 所示。

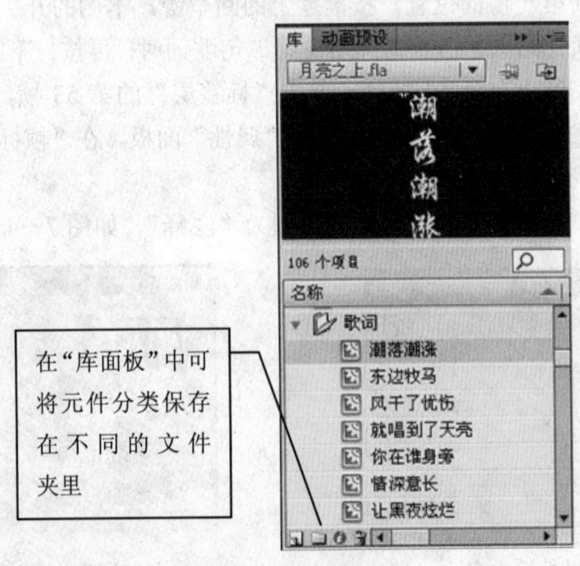

图 7-36　库面板

（3）在场景中添加歌词文本。在“标签层”上新建“歌词”层。根据“标签层”出现歌词的相应位置，在“歌词层”插入关键帧，并将“库”面板中相应的歌词元件拖放到舞台的合适位置。加入歌词后的时间轴和舞台效果如图 7-37 所示。

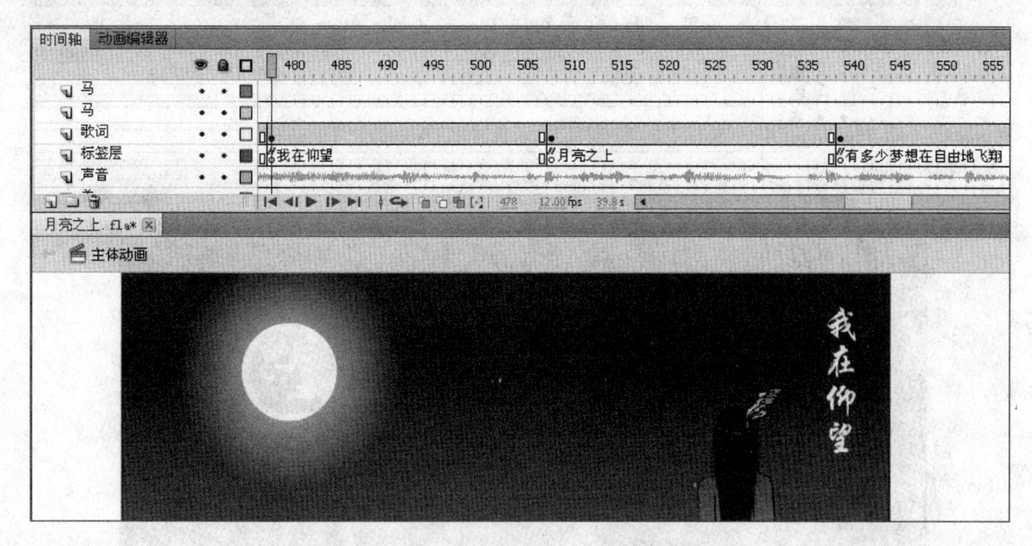

图 7-37　加入歌词后的时间轴和舞台效果

歌词的出现如果都是统一的格式，看起来会比较单调。可以为它加上一些颜色的变化或是淡入淡出的效果。这里以第一句歌词的出现为例，做一种淡入的效果。

选中“歌词层”第一句歌词所在的第一个关键帧，在它后面第 10 帧处按快捷键 F6，插入一个关键帧，单击选中第一帧舞台上本歌词实例，在属性面板中将本实例的 Alpha 值设为 0%。如图 7-38 所示。

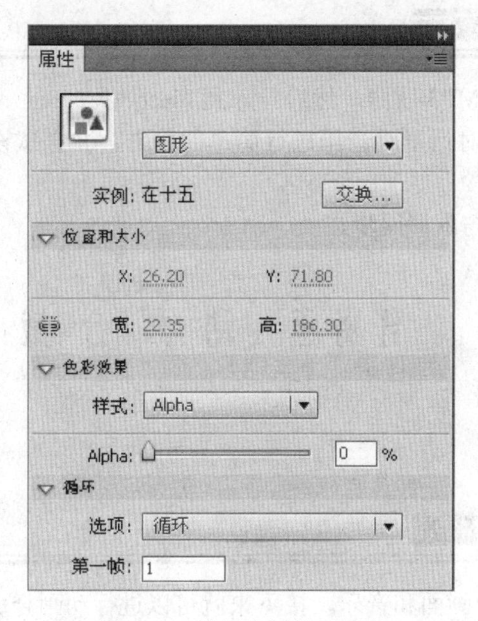

图 7-38　设置实例的透明度

然后在这两个关键帧之间创建传统补间动画，即可做出淡入的效果。其时间轴和舞台效果如图 7-39 所示。

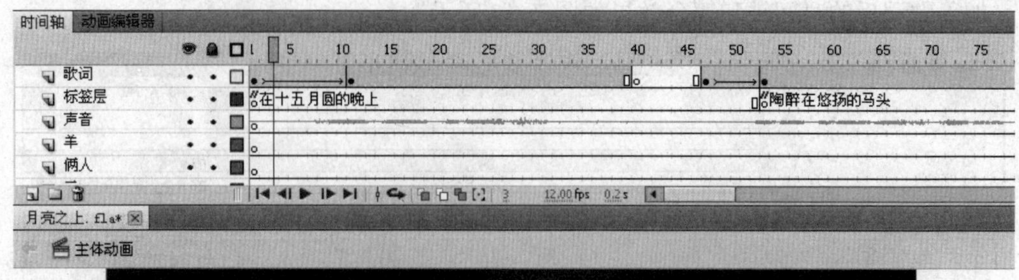

图 7-39　歌词的淡入时间轴和舞台效果

三、举一反三

1. 从网上下载所需的 MP3 歌曲，然后导入到 Flash 中。

2. 使用“编辑封套”对话框对音乐进行简单的剪辑，并尝试设置不同的“同步”参数后的效果。

3. 插入歌词，使声音与歌词同步。

任务三　动画合成

一、任务描述

有了主角、配角、场景画面和音乐，接下来就可以进行动画合成了。首先是片头的制作，片头是一个简单的预载动画，然后组合场景。一个完整的 Flash MV 就大功告成了。

二、自己动手

1. 制作片头

片头是一个简单的预载画面，而且本例是把预载动画作为一个独立的场景，它不会影响主体动画的制作进度和流程。

（1）执行“插入”→“场景”命令，添加场景 2。执行“窗口”→“其它面板”→“场景”命令，打开场景面板，如图 7-40 所示。

（2）在场景面板中，双击“场景 2”，将“场景 2”重新命名为“预载动画”，用鼠标将“预载动画”场景拖到“场景 1”的上方，并把“场景 1”重命名为“主体动画”。如图 7-41 所示。

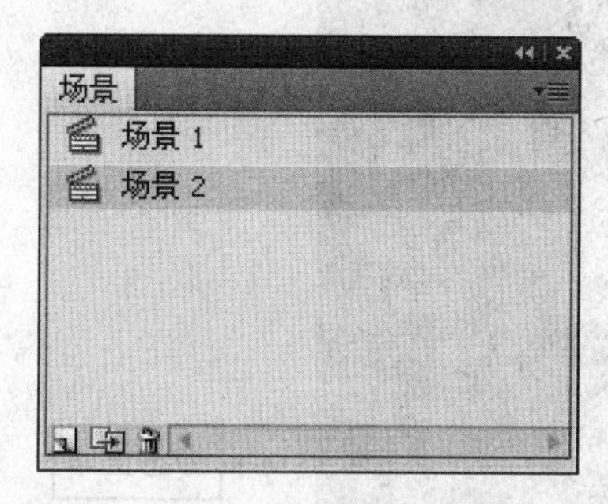

图 7-40　增加场景 2

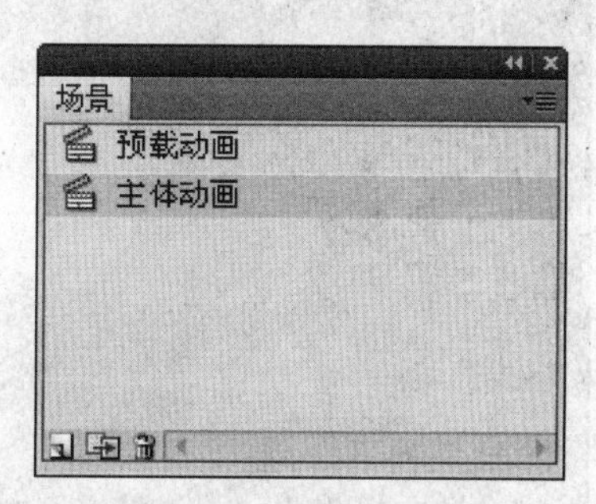

图 7-41　改变场景顺序

提个醒

在场景面板，单击加号按钮 **+**，也可增加一个新的场景。对于不需要的场景，直接拖到回收站按钮，即可将其删除。

动画是按照场景从上到下的顺序来播放的，对于有多个场景的动画片，要按照它的播放顺序来排列场景。

（3）关闭场景面板，在“预载动画”场景内，新建 7 个图层并重新命名，如图 7-42 所示。

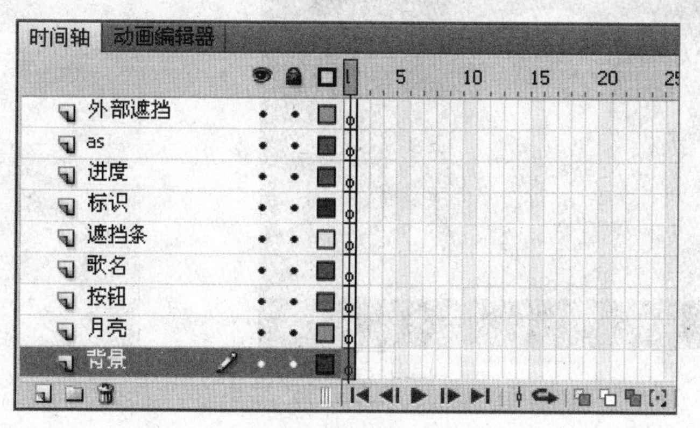

图 7-42　“预载动画”场景的图层结构

将本动画的主题景物月亮放到舞台合适位置，并加入歌名、作者和静态文本等内容，如图7-43所示。遮挡条是为了制造一种宽银幕的效果。最上方的“外部遮挡”图层是在舞台的外面绘制一个大的白色色块，用于限定舞台的显示区域。

（4）选择“进度”层，单击工具箱的文本工具 A，在属性面板中设置文本类型为“动态文本”，然后在“已下载数据”和“影片大小”后面的空白处直接拖动，产生两个动态文本框，分别用来显示已经下载的字节数和影片的总字节数，如图7-44所示。

分别选中两个动态文本框，打开属性面板，将左侧动态文本的变量名设置为“V1”，右侧动态文本的变量名设置为“V2”。其属性面板相关参数设置如图7-45所示。

图7-43 片头

图7-44 添加动态文本

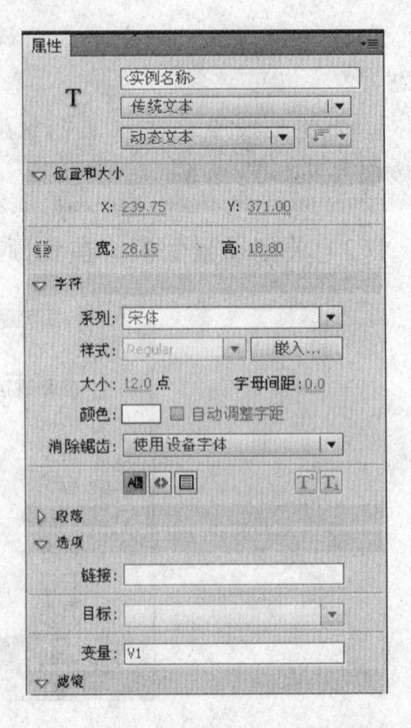

图7-45 动态文本属性设置

（5）选择“as”层的第 1 帧，打开动作面板，在该关键帧添加如下代码：

```
onEnterFrame=function( ){
//创建一个逐帧函数，以帧频进行检测
X=_root.getBytesLoaded( );
//将影片已经下载的字节数赋值给变量 X
V1=int(X/1024);
//设置动态文本“V1”的内容，将单位转换为 KB，并取整
Y=_root.getBytesTotal( );
//将影片总字节数赋值给变量 Y
V2=int(Y/1024);
//设置动态文本“V2”的内容，将单位转换为 KB，并取整
if (X= =Y&&X>0){
 gotoAndStop(3);
delete onEnterFrame;
/*如果影片已经下载的字节数等于影片的总字节数，说明已经下载完毕，于是跳转到第
 3 帧并停止*/
 }
};
```

符号/*和*/表示为多行注释

选择“as”层的第 2 帧，按快捷键 F6 插入关键帧，打开动作面板，在该关键帧添加如下脚本代码：

```
stop();
```

（6）选择“按钮”层的第二帧，按快捷键 F6 插入关键帧。将“库”面板中已经做好的“play”按钮，拖放到舞台右下角的合适位置。

单击选中舞台上的“play”按钮，打开“动作”面板，添加如下脚本代码：

```
on (release) {
 //按下并释放按钮时，执行以下的语句
  gotoAndPlay(“主体动画”, 1);
 //跳转到“主体动画”场景的第 1 帧并开始播放
}
```

提个醒

这里的“主体动画”是 MV 的主动画的场景名。在添加“播放按钮”的动作脚本时，应根据作品中的实际场景名称填写。在动画结尾处一般要加上一个“返回按钮”，按钮的设置方法相同，只需跳转到相应的帧上即可。

这时“预载动画”场景的最终图层结构如图 7-46 所示。

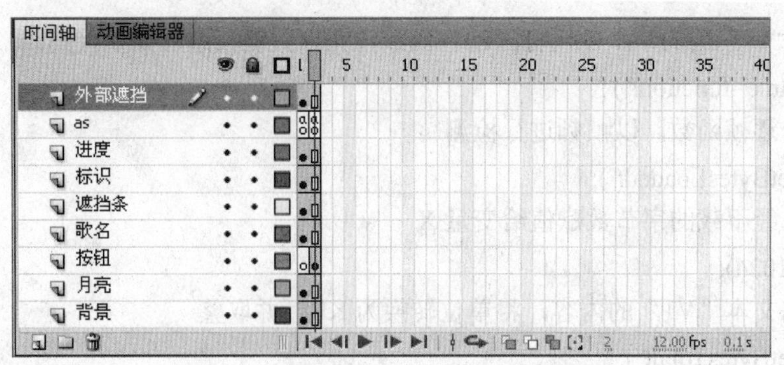

图 7-46 “预载动画”场景的最终图层结构

2．组合场景

现在要做的就是将准备好的演员、景物等放到舞台上进行表演。

图 7-47 切换场景

（1）单击舞台右上角的编辑场景图标，如图 7-47 所示，切换到“主体动画”场景。

（2）首先利用补间动画制作缓缓上升的月亮，同时，草原由近渐渐向远处延伸，并出现蒙古族女子的背影。如图 7-48 所示。

图 7-48 月亮升起

音乐响起，两只大雁从空中飞过。如图 7-49 所示。

（3）接下来的制作过程其实就比较容易了，你可以一边听着音乐，一边按照情节构思，让演员依次出场即可。这里，只介绍两种常用的镜头过渡手法。

第一种过渡手法就是让前一个画面所有元素的 Alpha 值由 100%变为 0%，接着下一个画面所有元素的 Alpha 值由 0%变为 100%，这样就形成前面画面淡淡隐去又逐渐变为下一个画面的动画效果。

第二种就是镜头拉近、拉远的效果。本例中，蒙古族女子侧面消失的画面就是把月亮和女子侧面都向舞台中心位置放大，造成一种镜头拉近的效果，如图 7-50 所示。镜头拉远的道理同此，只需把对象向一个方向缩小即可。

图 7-49　大雁飞过

图 7-50　镜头拉近效果

（4）在影片的最后添加结束语。这里把音乐最后那段说唱作为影片的结束语，利用遮罩和补间动画制作说唱文字的一个滚动效果，如图 7-51 所示。随着音乐的结束，滚动文字消失，出现“replay”按钮。

至此，一个完整的 MV 制作完成，效果如图 7-52 所示，执行 Ctrl+Enter，你就可以细细观赏自己制作的动画片了。

图 7-51　结束语

图 7-52　“Flash MV——月亮之上”效果图

三、举一反三

1．制作 MV 的预载画面。

2．根据前两个任务，组合动画场景，试着做一个完整的 MV。

小知识

当执行 Ctrl+Enter 测试影片时，会发现动画的预载过程根本看不到，这是因为是在本地机上进行测试，动画预载会在瞬间加载完毕，所以看不到下载的过程。

可以用模拟网络下载来观测动画预载的全过程。当执行 Ctrl+Enter 后，执行“视图”→“模拟下载”命令，就可以看到完整的下载过程了。如图 7-53 所示。

3. 本项目中，任务一中“飘舞的落叶”是利用脚本代码生成的场景特效，用于生成随机的、大量的对象，可以带来手工无法实现的动画效果。这段代码可直接套用，生成其他类似的效果。请尝试做出飞舞的花瓣效果。

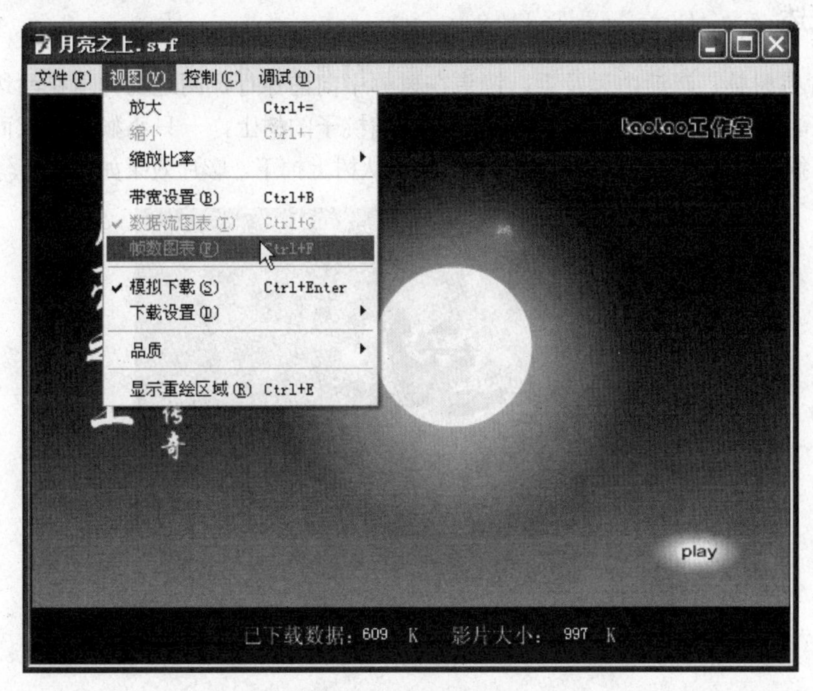

图 7-53　模拟网络下载

4. 利用以上所学的知识，自己动手设计一个 Flash MV，并且导出发布在自己的校园网内。

项 目 八

偷吃桃子的小猴

项目概述

远处一片桃树林，渐渐由远及近，镜头在树林中向前穿行，两边的树木在两边消失。桃树上结满了桃子，桃子又红又大，镜头停在一棵挂满桃子的树上，一只小猴子从天而降，手脚动着想抓桃子，猴子尾巴挂在树枝上一上一下，桃子从树上掉下。影片效果如图 8-1、图 8-2 所示。

图 8-1　影片效果一

图 8-2　影片效果二

项目构思

制作偷吃桃子的小猴，重要的是将要表达的主题思想和 Flash 中的基础知识相结合。在动画制作中，会出现场景由远及近的变化和角色的运动，这都需要用到各种工具 Flash 的脚本语言，所以学习这些内容是必不可少的，也是至关重要的。本项目的重点就是平移工具、骨骼工具、脚本语言的应用，当然还要与 Flash 中的基础知识配合。

本项目根据主题思想“偷吃桃子的小猴”，设计了一个小故事情节：在一个桃树林中，随着镜头的由远及近的变化，出现了一棵长满桃子的桃树，这时一个小猴子从天而降，倒挂在树枝上，小猴子的手脚一直在不停地摆动着，无数的桃子从天上掉了下来。本项目的情节虽然非常简单，但主题思想表达得很清晰。

根据主题思想，将整个项目分为几个情节来完成。

情节一：利用平移工具，来实现桃树林的由远及近的空间变化，并且镜头落在一棵长满桃子的桃树上。

情节二：一只小猴子倒挂在桃树枝上，手脚不停地动，想要摘桃子。

情节三：无数个桃子从天而降。

项目实施

本项目通过制作桃树林场景、制作猴子摘桃、制作下落的桃子三个任务来完成。

任务一　制作桃树林场景

一、任务描述

影片开始的时候，屏幕穿过桃树林停在一棵长满桃子的桃树前，利用 3D 平移工具来体现出场景由远及近的效果，这就需要我们在现实生活中理解场景的变化，而且要非常注意操作中的细节，才能达到好的效果。效果如图 8-3 所示。

图 8-3　任务效果图

二、自己动手

1. 创建影片文档

首先新建一个 Flash 影片文档，并在“属性”选项卡中设置宽度为 550 像素，高度为 400 像素，颜色为天蓝色（#0099CC）,保存影片为“猴子摘桃”。如图 8-4 所示。

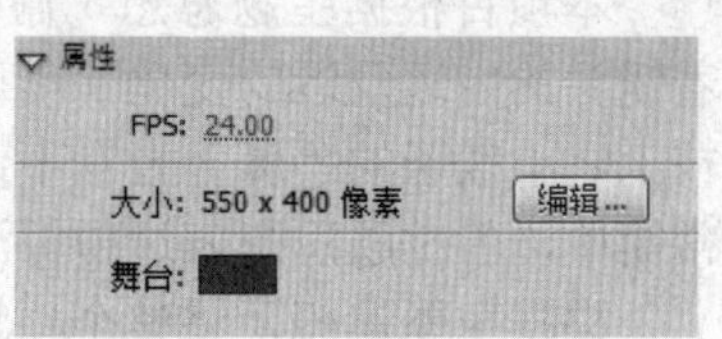

图 8-4　场景属性面板

2. 创建桃树林

（1）新建影片剪辑，按快捷键 Ctrl+F8，在影片剪辑中绘制桃树林，如图 8-5 所示。单击“矩形工具”，在其下的“参数”选项卡中设置填充颜色为深绿色，笔触为“无”，在舞台上绘制一个矩形，宽度为 550 像素，高度为 230 像素。如图 8-6 所示。

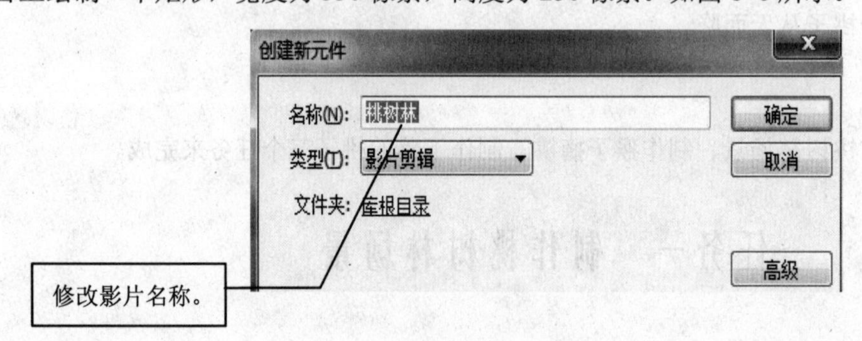

图 8-5　创建影片剪辑面板

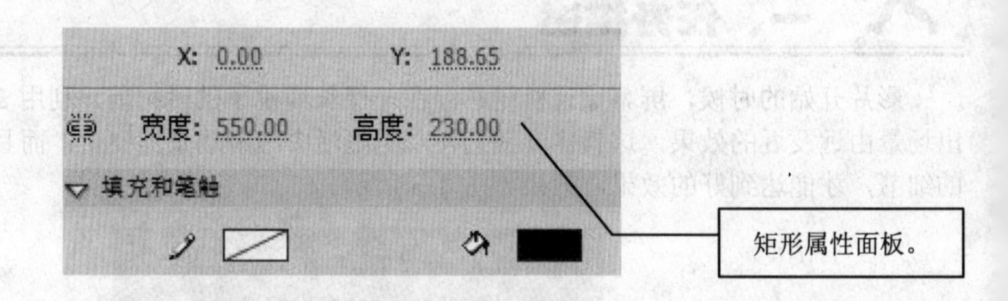

图 8-6　矩形工具属性面板

（2）利用“钢笔工具”、“填充工具”绘制桃子、树叶、树干，如图 8-7 所示，并组合成桃树的效果。

（3）运用相同的方法单独绘制一棵长满桃子的桃树，如图 8-8 所示。

（4）将做好的影片“桃树林”放入场景中，并将图层命名为“3d 平移”，如图 8-9 所示，在时间轴 200 帧的位置设置关键帧。

图 8-7　绘制图形

图 8-8　绘制图形

图 8-9　图层名称

（5）在时间轴上右击鼠标创建补间动画，点击 3d 平移工具，将影片剪辑“桃树林”调整到合适的大小位置，实现在树林中向前穿行、两边的树木在两边消失的效果，然后在 200 帧位置，将我们做好的长满桃子的桃树放入场景中。如图 8-10 所示。

（6）按快捷键 Ctrl+Enter 测试影片。

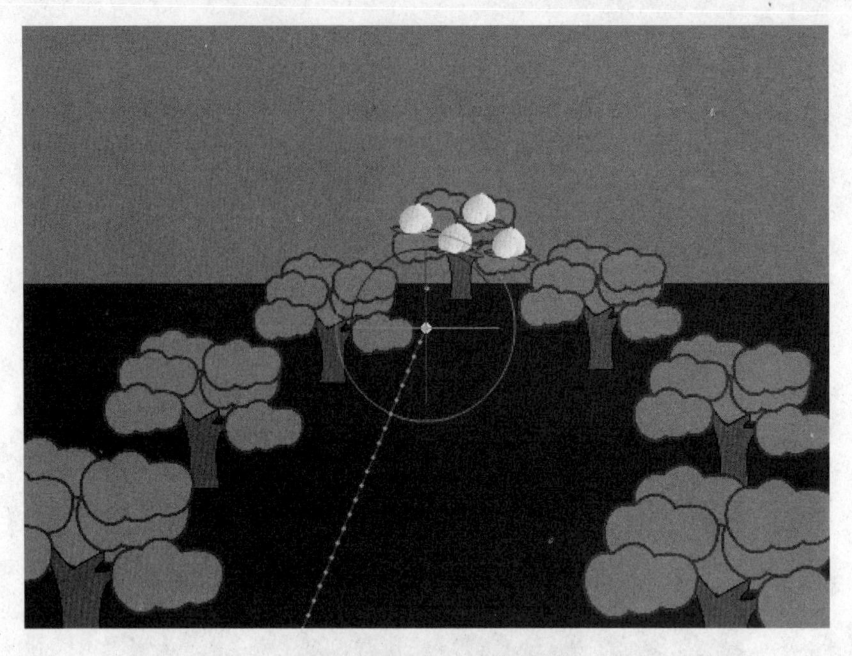

图 8-10　3d 平移工具效果

小知识

使用“3D 平移工具”可以在 3D 空间中移动影片剪辑实例的位置，使影片剪辑实例看起来离观察者更近或更远。

在工具栏中选择“3D 平移工具”，再在舞台上选择影片实例。此时，该影片剪辑实例的 X、Y 和 Z 这 3 个轴将显示在实例的正中间。其中，X 轴为红色，Y 轴为绿色，而 Z 轴为一个黑色的圆点。如果要通过“3D 平移工具”进行拖曳来移动影片实例，首先将指针移动到该实例的 X 轴、Y 轴或 Z 轴控件上，此时在指针的尾处将会显示该坐标轴的名称。

X 轴和 Y 轴控件是每个轴上的箭头。使用鼠标按控件箭头的方向拖曳其中一个控件，即可沿所选轴（水平或垂直方向）移动影片剪辑实例。

Z 轴是影片剪辑中间的黑点，上下拖曳黑点即可在 Z 轴上移动对象，此时将会放大或缩小所选的影片剪辑，以产生离观察者更远或更近的效果。

提个醒

在“属性”面板的“3D 定位和视图”选项中输入 X、Y 或 Z 坐标值也可以改变影片剪辑实例在 3D 空间中的位置。3D 平移工具和 3D 旋转工具都允许用户在全局 3D 空间或局部 3D 空间中操作对象。全局 3D 空间即为舞台空间，局部 3D 即为影片剪辑空间。在 3D 空间中，如果想要移动多个影片剪辑实例，可以先选择这些实例，然后使用“3D 平移工具”移动其中一个实例，此时其他的实例也将以相同的方式移动。

三、举一反三

用 3D 平移工具实现“FLASH”字样由远及近的效果。（此实例源文件放在举一反三文件夹中。）

任务二　制作猴子摘桃

一、任务描述

桃树上突然窜出一只顽皮的小猴，用长长的尾巴勾住树干，但由于桃子离它还有距离，小猴忽远忽近地抓桃子，结果桃子掉下来落了满地。

二、自己动手

（1）创建场景 2，利用钢笔工具和填充工具绘制猴子的不同部分。如图 8-11 所示。

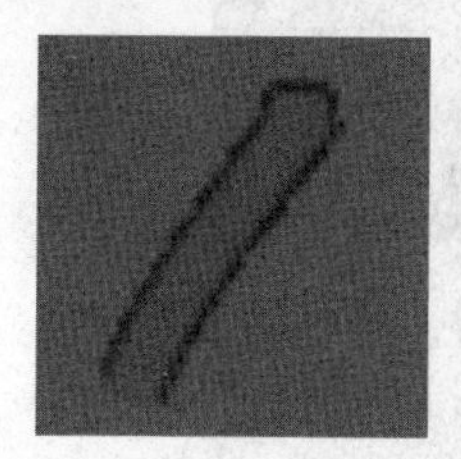
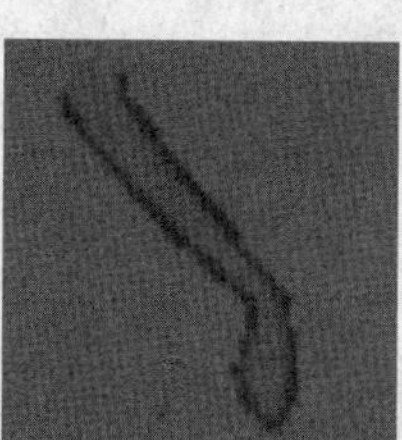
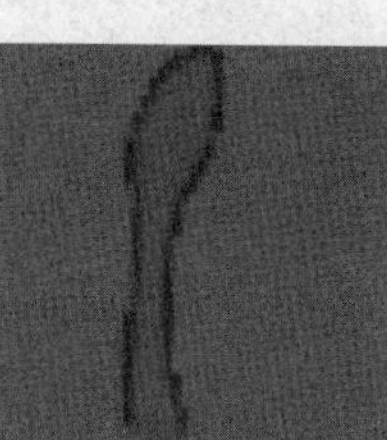
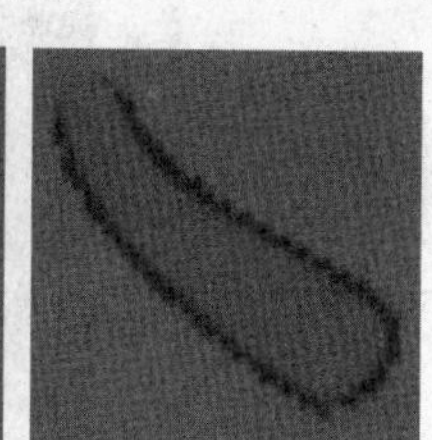

图 8-11　绘制猴子

（2）创建影片剪辑并命名为猴子，在影片剪辑中为猴子的不同部位命名，创建图层。如图 8-12 所示。

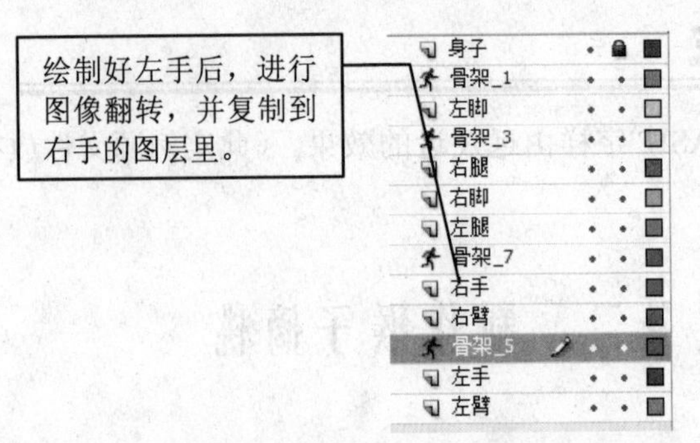

图 8-12　图层名称

（3）将绘制好的猴子的不同部位，对应放入图层里面，并调整位置。如图 8-13 所示。

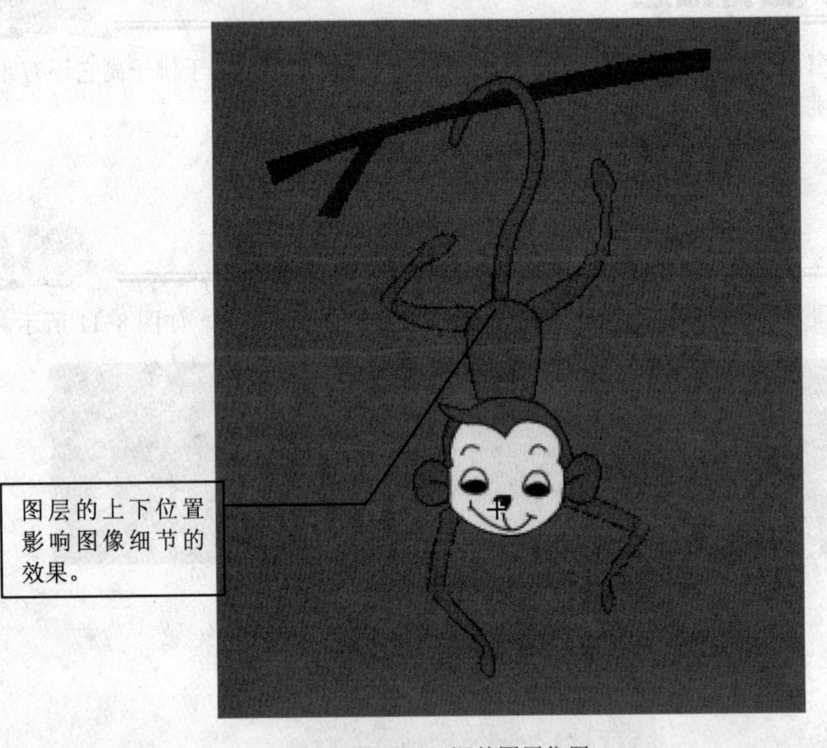

图 8-13　调整图层位置

小知识

创建骨骼动画的第一步就是定义骨骼。使用骨骼工具可以向影片剪辑、图形和按钮实例添加 IK 骨骼。

（4）利用骨骼工具进行角色动画编辑，将活动的部位进行连接。如图 8-14 所示。

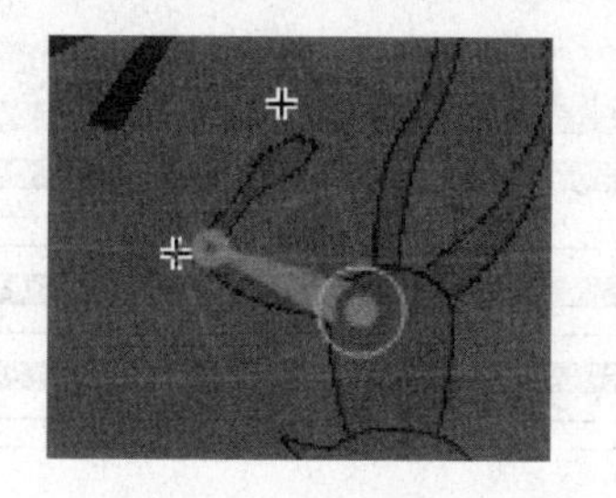

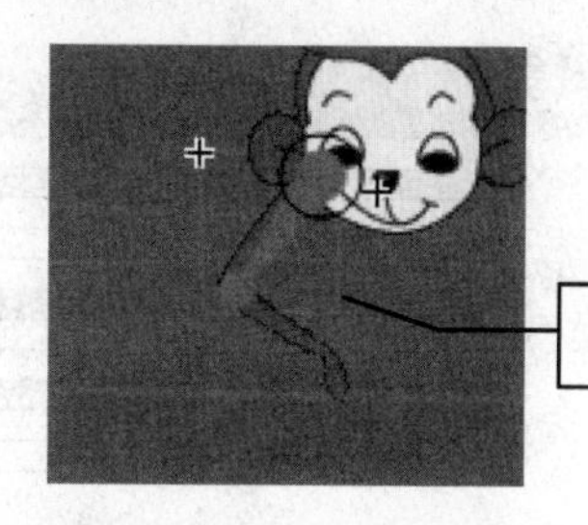

图 8-14　骨骼工具关节连接

提个醒

骨架中的第一个骨骼是父级骨骼，它显示为一个圆围绕骨骼头部，每个骨骼都具有圆端和尾部（尖端）。若要选择多个骨骼，可按住 Shift 单击这些骨骼。在 Flash CS5 中，骨骼本身的颜色与其所在图层的轮廓颜色一致。而选定了的骨骼颜色则是这个骨骼及轮廓颜色的相反色。

小知识

快速选择相邻骨骼，在舞台上单击某个骨骼，然后可在“属性”面板中单击“父级”、“子级”或“下一个同级”、“上一个同级”，即可快速选择“父级”、“子级”或同级骨骼。在舞台双击某个骨骼，则可以选择骨架中的所有骨骼。选择骨架，若要选择整个骨架并显示骨架的属性及其姿势图层，可单击姿势图层中 IK 骨架的属性。若要删除单个骨骼及其所有子级，单击该骨骼并按 Delete 键。通过按住 Shift 键单击每个骨骼可以选择要删除的多个骨骼。若要从骨架中删除所有骨骼，可右击姿势图层中包含骨架的帧，从弹出的快捷菜单中选择“删除骨架”命令即可。

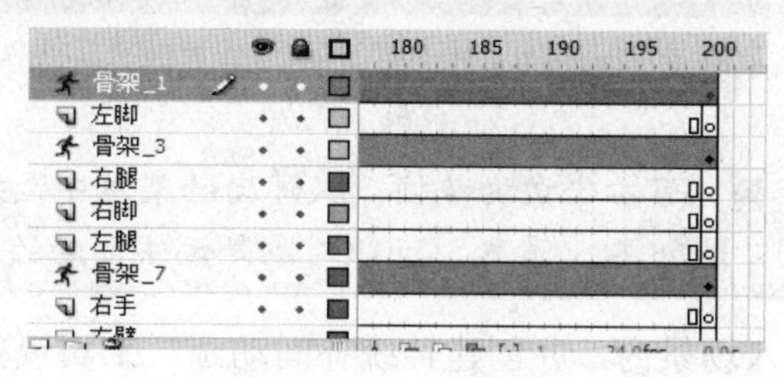

图 8-15　关键帧设置

（5）分别在第 50 帧、第 100 帧、第 150 帧位置设置关键帧，如图 8-15、图 8-16 所示，并对猴子的手脚进行位置调整，如图 8-17 所示。

小知识

姿势图层：当用户向元件实例或形状添加骨骼时，Flash 会将实例或形状以及关联的骨架移动到时间轴的新图层，此新图层称为姿势图层。

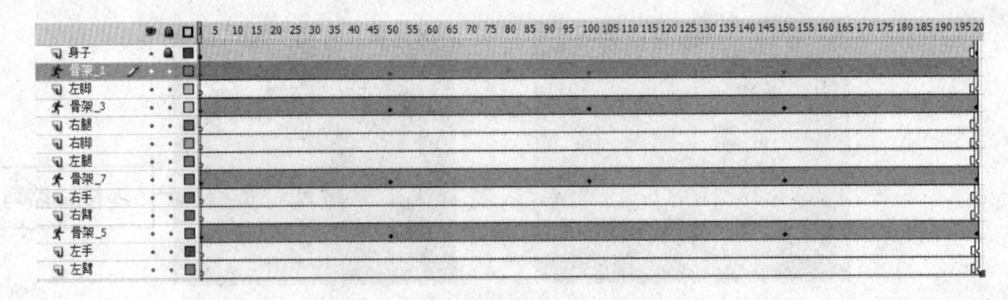

图 8-16　时间轴关键帧设置

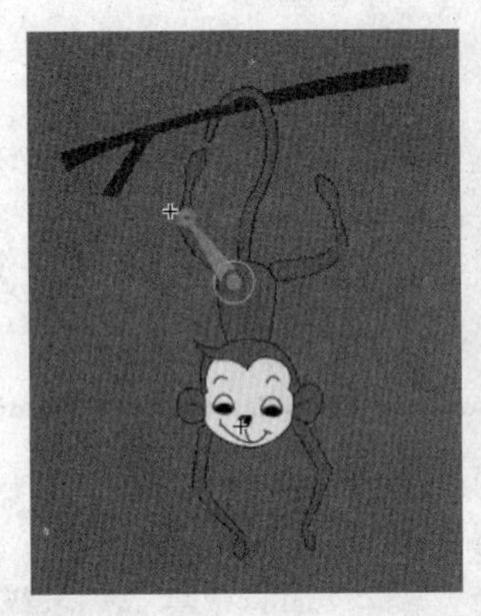
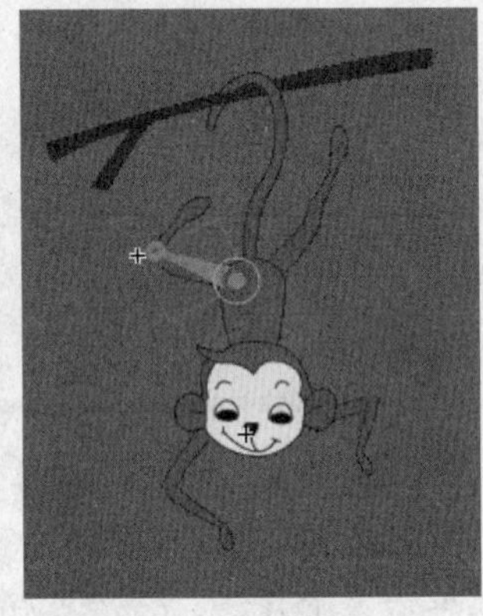
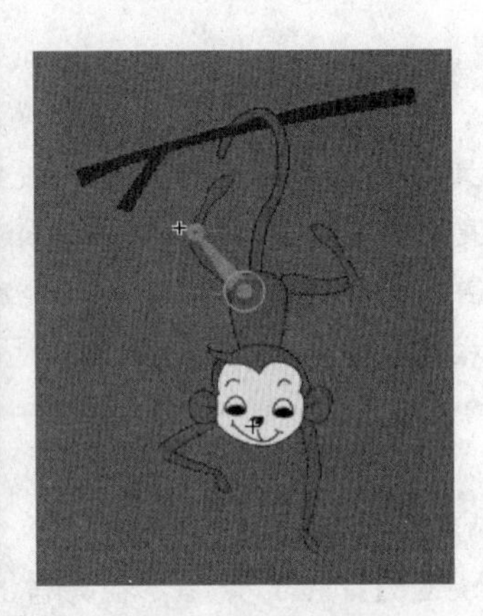

图 8-17　时间轴动作调整

小知识

在创建 IK 骨架后可以使用多种方法编辑它们。可以重新定义定位骨骼及其关联对象，在对象内移动骨骼、更改骨骼的长度、删除骨骼，以及编辑包含骨骼的对象。但只能在第一帧（骨架在时间轴中的显示位置）中仅包含初始姿势的姿势图层中编辑 IK 骨架。

提个醒

如果要清除已有的姿势，可右击该姿势帧，从弹出的菜单中选择“清除姿势”命令即可。只有形状和元件实例才能创建 IK 骨骼，而组对象是无法创建的。

（6）将猴子的影片放入场景内，并创建传统补间动画，来实现猴子上下运动的效果。如图 8-18 所示。

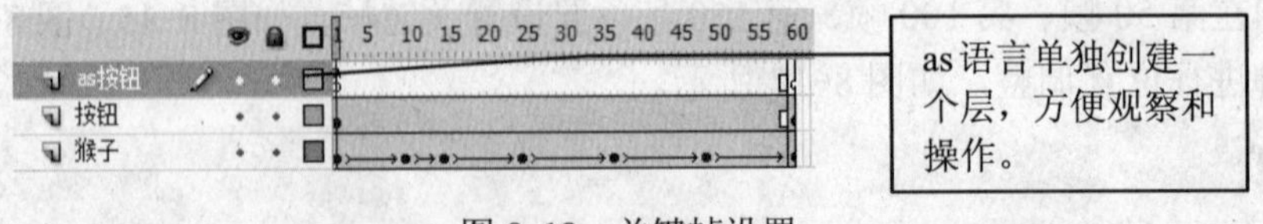

图 8-18　关键帧设置

（7）把绘制好的桃子放入场景内，并调整猴子和桃子的位置。如图 8-19 所示。

（8）按快捷键 Ctrl+Enter 测试影片。

图 8-19　图形调整

三、举一反三

试着制作走路的鸡蛋壳、男孩摸头、小蛇舞动等骨骼动画。

任务三　制作下落的桃子

一、任务描述

本任务主要是通过 ActionScript3.0 脚本语言来实现桃子下落的动画。

二、自己动手

（1）新建场景 3，创建影片剪辑“桃子”，如图 8-20 所示，可以将之前绘制好的桃子放入影片中。

（2）修改影片“桃子”的属性，在高级选项中修改类的名称为“bb”。如图 8-21 所示。

（3）新建图层命名为“as 语言”，如图 8-22 所示，并且打开语言编辑面板快捷键 F9 输入语言。如图 8-23 所示。

图 8-20　将图形放入影片中

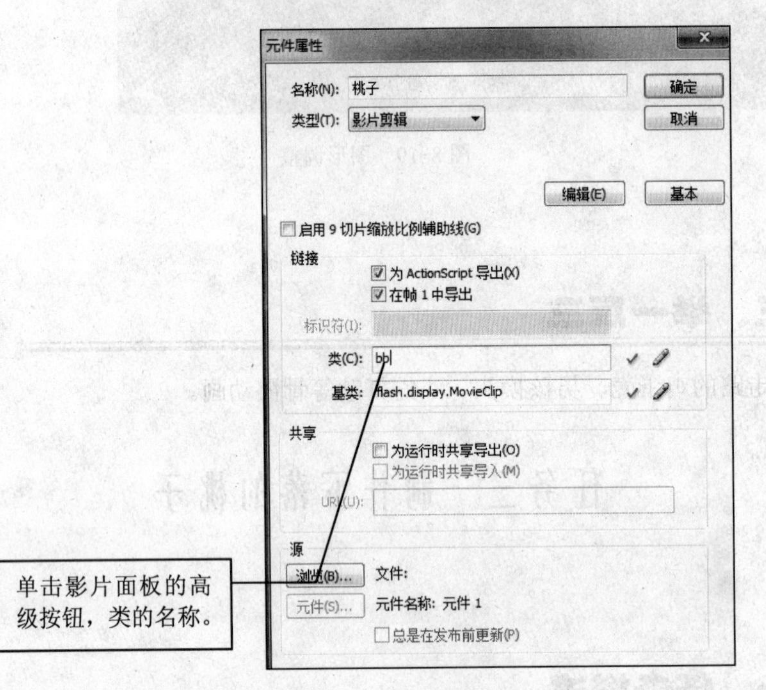

图 8-21　影片属性面板设置

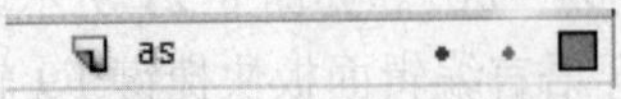

as

图 8-22　图层名称设置

```
1   var i:bb=new bb  ;
2   addChild(i);
3   i.filters=[new BlurFilter(5,5,3)];
4   i.width=i.width/2;
5   i.height=i.height/2;
6   addEventListener(Event.ENTER_FRAME,gg);
7   function gg(event) {
8       i.y=i.y+10;
9       if (i.y>500) {
10          i.y=-10;
11          i.x=Math.random()*550;
12          i.rotation = Math.random()*(75);
13      }
14  }
```

图 8-23　脚本语言

小知识

ActionScript 3.0 是一种功能强大的面向对象的编程语言，交互技术是 Flash 最突出的性能之一，通过按钮来控制影片的播放。

（4）脚本语言的翻译如下：

```
var i:bb=new bb ;//创建新的影片剪辑 i，i 代替了 bb
addChild(i);//在舞台中显示 i
i.filters=[new BlurFilter(5,5,3)];//影片 i 模糊滤镜参数为 x，y 轴坐标 5 像素，中等质量
i.width=i.width/2;//影片 i 宽度为默认值的//2
i.height=i.height/2;//影片 i 高度为默认值的//2
addEventListener(Event.ENTER_FRAME,gg);//侦听鼠标点击函数
function gg(event) {//定义函数
    i.y=i.y+10;//影片 i 以 y 轴坐标向下运动速度为 10 像素
    if (i.y>500) {//如果影片 i 的 y 轴坐标大于 500 像素
        i.y=-10;//影片 i 返回 y 轴坐标-10 像素的位置
        i.x=Math.random()*550;//影片 i 在 x 轴坐标 550 为随机出现
        i.rotation = Math.random()*(75);//影片 i 的角度为 0～75 随机
    }
}
```

（5）保存文件，发布影片会发现 4 个桃子反复下落，角度随机变化（如图 8-24 所示）。如果想让很多个桃子下落，可以编写语言。

图 8-24　四个桃子下落

（6）在三个场景中创建播放、停止、上一场、下一场按钮，并布置好位置。如图 8-25 所示。

（a）
（b）
（c）

图 8-25　按钮位置

为方便操作，可以用复制粘贴的方法来布置按钮，复制 Ctrl+C、原位粘贴 Ctrl+Shift+V。

（7）在按钮属性面板中修改实例名称，例如，场景 1 的按钮可以命名为“btn1_1”，如图 8-26 所示。

（8）在场景中新建图层，命名为“按钮 as”，如图 8-27 所示。

图 8-26　按钮实例名修改

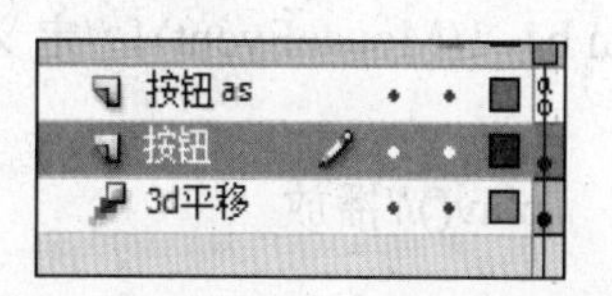

图 8-27　创建按钮 as 图层

（9）将语言写在图层的第一帧：

```
btn1_2.addEventListener(MouseEvent.CLICK,b1_2);//对按钮添加侦听事件，鼠标点击
function b1_2(MouseEvent){//定义函数

    stop()//停止播放
}
btn1_1.addEventListener(MouseEvent.CLICK,b1_1); //对按钮添加侦听事件，鼠标点击
function b1_1(MouseEvent){ //定义函数

    play()//播放

}
btn1_3.addEventListener(MouseEvent.CLICK,b1_3); //对按钮添加侦听事件，鼠标点击
function b1_3(MouseEvent){ //定义函数

    gotoAndPlay(1,"场景 3")//跳转场景 3 的第一帧播放

}
btn1_4.addEventListener(MouseEvent.CLICK,b1_4); //对按钮添加侦听事件，鼠标点击
function b1_4(MouseEvent){ //定义函数

    gotoAndPlay(1,"场景 2")//跳转场景 2 的第一帧播放

}
```

（10）切换到场景 2，新建图层命名为“按钮 as”，在第一帧写入语言：

```
Btn2_2.addEventListener(MouseEvent.CLICK,b1_2); //对按钮添加侦听事件，鼠标点击
function b1_2(MouseEvent){//定义函数

        stop()//停止播放

}
Btn2_1.addEventListener(MouseEvent.CLICK,b1_1); //对按钮添加侦听事件，鼠标点击
function b1_1(MouseEvent){ //定义函数

        play()//播放

}
Btn2_3.addEventListener(MouseEvent.CLICK,b1_3); //对按钮添加侦听事件，鼠标点击
function b1_3(MouseEvent){ //定义函数

        gotoAndPlay(1,"场景 3")//跳转场景 3 的第一帧播放


}
Btn2_4.addEventListener(MouseEvent.CLICK,b1_4); //对按钮添加侦听事件，鼠标点击
function b1_4(MouseEvent){ //定义函数

        gotoAndPlay(1,"场景 2")//跳转场景 2 的第一帧播放
```

（11）按快捷键 Ctrl+Enter 测试影片。

三、举一反三

1．制作花朵下落的场景。
2．制作雪花飘落的场景。（用脚本实现）

项　目　九

交互式网页

项目概述

交互式网页已经风靡全球，它既能起到传递信息的作用，又能给观众带来良好的体验，除了欣赏自己制作的精美画面之外，如果还能和网页进行交流、互动，一定是大家非常期待的，那就好好享受自己的第一个交互式网页的制作过程吧。

本项目是制作一个以知识问答、登录信息、个人主页为主要内容的交互式网页，其效果如图 9-1 所示。

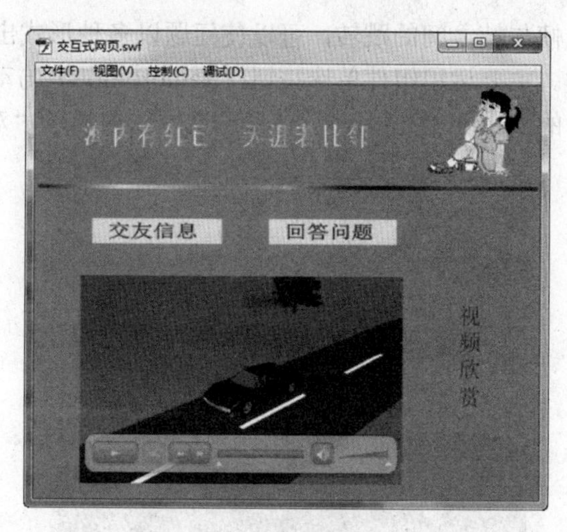

图 9-1　项目效果图

项目构思

本项目的效果是，主页上一条渐渐延展的分隔条将页面分为两部分，视频欣赏更是增添了页面的动感，两个按钮可分别跳转到交友登记和奥运知识问答两个界面，也可以跳转回主页，主要运用按钮实现三个场景间的跳转，并且“交友”、“问答”两个场景运用了多种控件。

本项目的内容共分为“奥运知识问答”、“登录信息”、“个人主页”，三部分通过按钮的功能可以互相跳转，体现了交互式网页灵活、自主的优点。根据内容采用简洁明快的风格，并且要做到每个页面内容丰富，色调风格统一，按钮操作简单。

项目实施

本项目的制作过程可以分为如下三个任务：

1．奥运知识问答，包括问题的显示、单选按钮的使用、按钮的跳转。

2．交友登记，包括姓名、年龄、学历、性别等文本框的使用，复选框的使用，按钮的跳转。

3．个人主页，将以上两部分内容组合到一个页面里做好链接，并添加一个漂亮的视频，让页面更丰富。

任务一　奥运知识问答

一、任务描述

本任务通过按钮实现帧与帧之间的跳转，可以使问题以多种形式出现，并对选择结果做出评判，增加做题者的兴趣。主要运用组件单选按钮（RadioButton）与动态文本框设计选择题，通过对单选按钮添加简单的 Action 代码，便可在动态文本框中显示“对”与“错”，如图 9-2 所示。

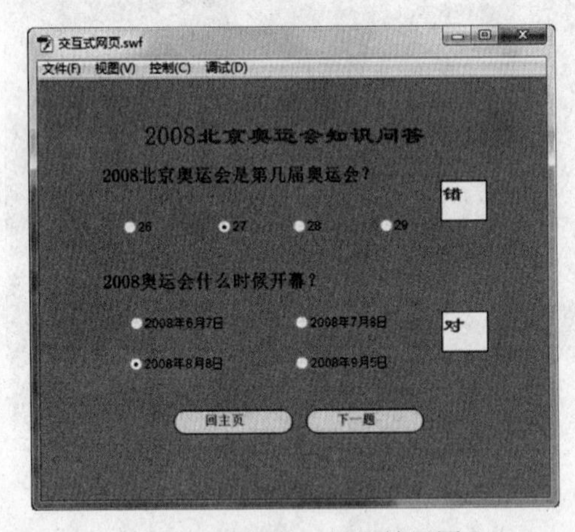

图 9-2 “问答”场景效果图

二、自己动手

1．新建 Flash 影片文档

将文档属性设置为如图 9-3 所示，其中背景色为蓝色。

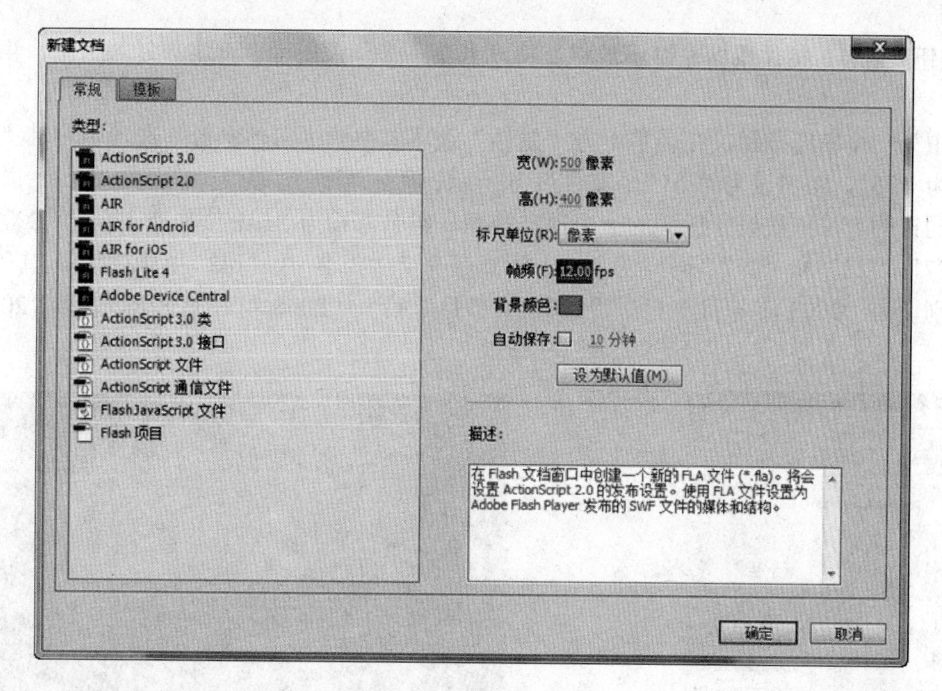

图 9-3　设置影片属性

2．改场景名

执行菜单“窗口”→“其他面板”→“场景”命令，或按快捷键 Shift+F2 打开“场景”面板，双击“场景 1”可将场景名重命名为“问答”，如图 9-4 所示。

3．输入静态文本

使用文本工具 T 在第 1 帧中输入“2008 北京奥运会知识问答”，字体为隶书，字号为 25，颜色为红色。输入“2008 北京奥运会是第几届奥运会？”、“2008 奥运会什么时候开幕？”字体为宋体，字号为 18，颜色为深蓝色，如图 9-5 所示。

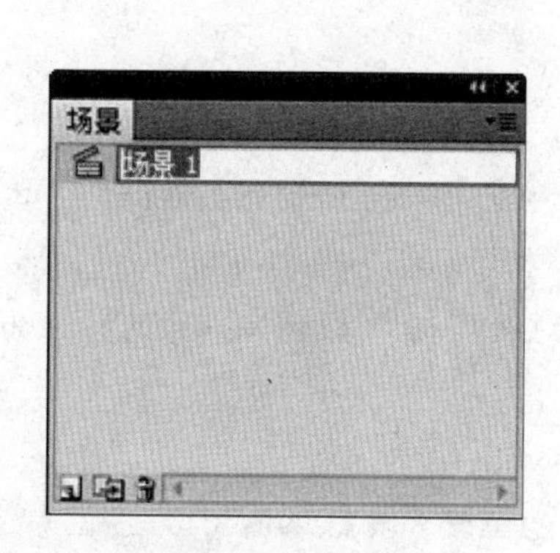

图 9-4　重命名场景

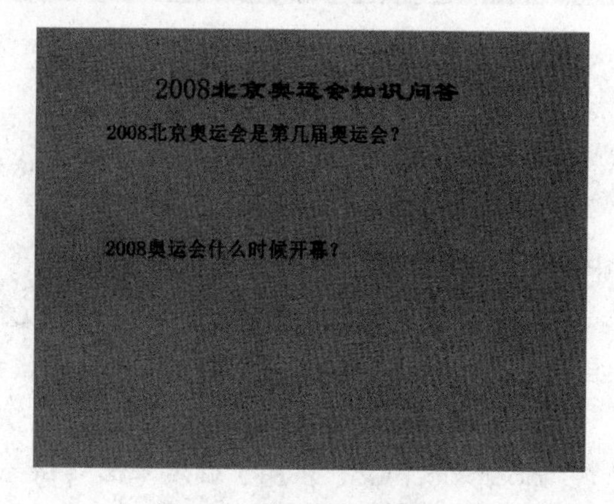

图 9-5　第 1 帧静态文本

4．创建单选按钮组

执行“窗口”→“组件”命令，“组件”面板，在“User Interface”组件类型中选中“RadioButton”

（单选按钮）组件，按住鼠标左键不放将其拖动到第一个问题下面，再将其复制三个，并排放在后面。

选中第一个单选按钮，在屏幕下方“属性”选项卡中的“组件参数”选项中将其“label”参数设为“26”，组名设为“rd1”，如图 9-6 所示。

用同样的方法依次设置后面的三个单选按钮，组名都设为“rd1”,其“ label”参数分别设置为“27”、“28”和“29”。同样的方法，添加图 9-7 中组名 为“rd2”的按钮组。其“label”参数分别设为“2008 年 6 月 7 日”、“2008 年 7 月 8 日”、“2008 年 8 月 8 日” 和“2008 年 9 月 5 日”。

图 9-6　单选按钮“组件参数”的设置

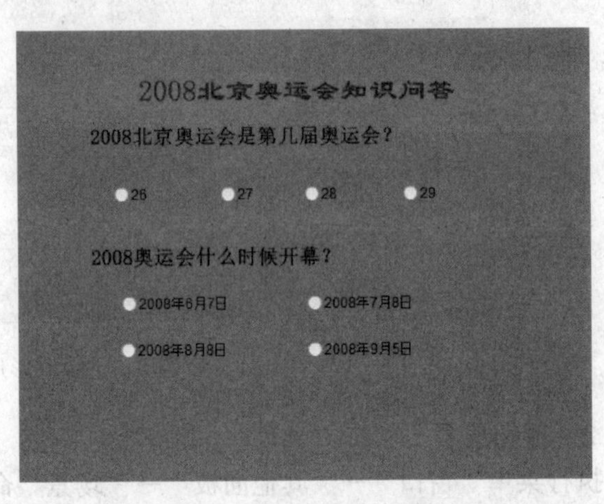

图 9-7　创建单选按钮效果

试一试

如果把每个问题后 4 个单选按钮的组名设为不同，还是否能实现单选效果？

小知识

单选按钮“参数”选项卡中各项的含义：

“data”：一个文本字符串数组，用于为“label”参数中的各项目指定相关联的值，本例中不用设置。

“groupName”：用于指定当前单选按钮所属的单选按钮组，该参数相同的单选按钮为一组，在同一组单选按钮中只能选中一个单选按钮。

“label”:用于设置按钮上的文本值，默认值是“RadioButton”。

“labelplacement”：用于确定单选按钮旁边标签文本的位置，其默认值为“right”。

“selected”：用于确定单选按钮的初始状态（被选中状态为“true”，取消选中状态为“false”），其默认值为“false”，一个组内只能有一个单选按钮被选中。

单选按钮（RadioButton）：在 Flash 中可创建一组按钮形成一系列的选项，用户在相互排斥的选项之间进行选择，只能在其中选中一个选项，选中一个选项时自动取消对该组内其他选项的选择。单选按钮必须用于至少有两个单选按钮实例的组中。

5．创建动态文本框

在问题右边绘制两个无边白色矩形，然后绘制两个文本框，其大小与矩形相同。在“属性”选项卡中将其设置为 “动态文本”，“字符”中设置字体为隶书，大小 21，颜色红色，在“消除锯齿”下拉列表里选择“使用设备字体”，“选项”中动态文本框变量名设为“ans1”，如图 9-8 所示。

同样的方法，设置另一个动态文本框变量名为“ans2”。

6．创建按钮

（1）创建“回主页”按钮。进入按钮元件编辑状态，在第 1 帧（弹起状态）中，用矩形工具绘制圆角矩形，笔触为黑色，填充色为黄色；用文本工具 T 输入白色文本“回主页”。

在第 2 帧（指针经过状态）中，按快捷键 F6 添加关键帧，填充色为蓝色。在第 3 帧（按下状态）中，按快捷键 F6 添加关键帧，填充色为红色。

（2）用类似方法创建“下一题”按钮。

7．布置场景

回到“问答”场景中，将“回主页”按钮和“下一题”按钮，从“库”面板中拖到如图 9-9 所示位置。

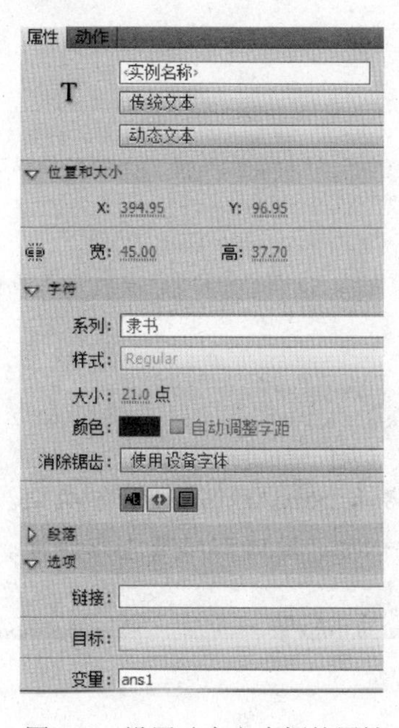

图 9-8 设置动态文本框的属性

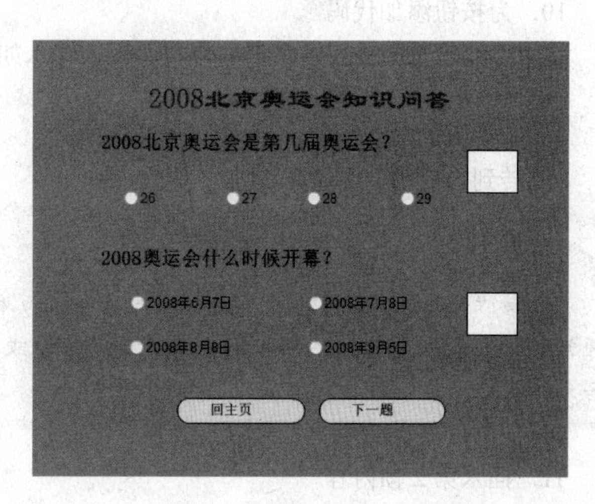

图 9-9 “问答”场景第 1 帧的内容

8．给第一题单选按钮添加命令代码

（1）选中第一题第 1 个单选按钮，在“动作”面板中添加代码如下：

```
On(click){
_root.ans1="错"
}
// _root 是指主时间轴，用它可创建一个绝对的路径
//选此按钮时，动态文本框中显示“错”
```

（2）用同样的方法为第 2、3 个单选按钮添加相同的代码。

（3）选中第一题第 4 个单选按钮，在“动作”面板中添加代码如下：

```
On(click){
_root.ans1="对"}

//选此按钮时，动态文本框中显示“对”
```

9．给第二题单选按钮添加命令代码

（1）给“参数”选项卡中“label”（标签）项为“2008 年 6 月 7 日”、“2008 年 6 月 8 日”和“2008 年 9 月 5 日”的三个单选按钮添加相同的代码:

```
 On(click){
_root.ans2="错"
}
```

（2）给“参数”选项卡中“labe l ”（标签）项为“2008 年 8 月 8 日”的单选按钮，添加如下代码：

```
On(click){
_root.ans2="对"
}
```

10．为按钮添加代码

选中“回主页”按钮，在“动作”面板中输入如下代码：

```
on(press){
gotoandstop("主页",1);}
//跳转到当前场景中的第 2 帧
```

小知识

跳转代码 goto 分为跳转并播放 gotoAndplay 和跳转并停止 gotoAndStop 两种类型。通常添加在帧或按钮上，起作用是当播放到某帧或单击某按钮时，跳转到场景中指定帧。若未指定场景，则跳转到当前场景中的指定帧。

11．插入第 2 帧内容

在第 2 帧处按快捷键 F7 插入空白关键帧并输入如图 9-10 所示文本。

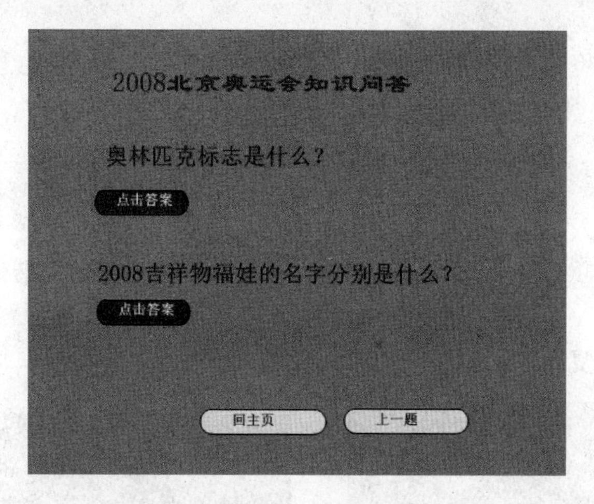

图 9-10　第 2 帧中的内容

使用文本工具 T 输入三个静态文本。“2008 北京奥运会知识问答”字体为隶书，字号为 25，文本颜色为红色；“奥林匹克标志是什么？”、“2008 吉祥物福娃的名字分别是什么？”等文字，字体为宋体，字号为 21，文本颜色为蓝色。

12．创建“点击答案”按钮和“上一题”按钮

与前面按钮做法相同。可适当改变按钮的颜色。回到“问答”场景中，将两个按钮从“库”面板中拖放到如图 9-10 所示的位置。

13．复制“回主页”按钮

选中第 1 帧中的“回主页”按钮，进行复制后粘贴到第 2 帧中，其代码也被复制。

14．为按钮添加代码

（1）选中第一个“点击答案”按钮，进行复制后粘贴到第 2 帧中，其代码也被复制。

```
on(release){
gotoAndStop(3);
}
```

（2）选中第二个“点击答案”按钮，在“动作”面板中输入如下代码：

```
on(release){
gotoAndStop(4);
}
```

（3）选中“上一题”按钮，在“动作”面板中输入如下代码：

```
on(release){
gotoAndStop(1);
}
```

15．在第 3 帧插入空白关键帧，输入如图 9-11 所示内容

答案内容字体为楷书，字号为 21，颜色为红色。

16．制作“上一页”按钮

将其从“库”面板拖放到如图 9-11 所示的位置。复制“回主页”按钮。

17．给“上一页”按钮添加代码

```
on(release){
gotoAndStop(2);
}
```

18．在第 4 帧处插入空白关键帧

在该帧用文本工具 T 输入如图 9-12 所示内容，答案内容字体为楷体，字号为 21，文本颜色为红色。

19．将第 3 帧按钮复制，粘贴到第 4 帧，位置如图 9-12 所示。

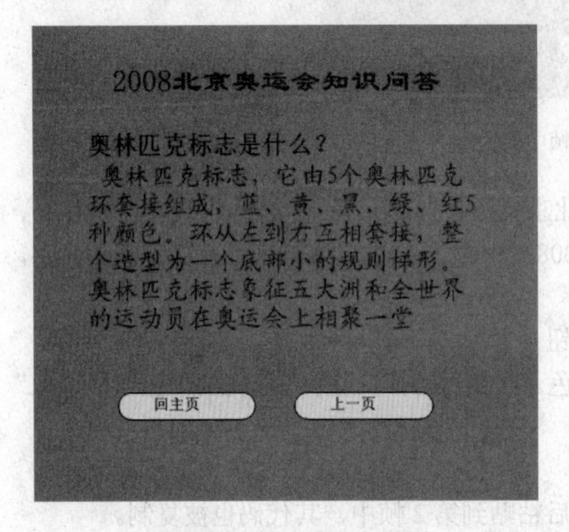

图 9-11　第 3 帧的内容

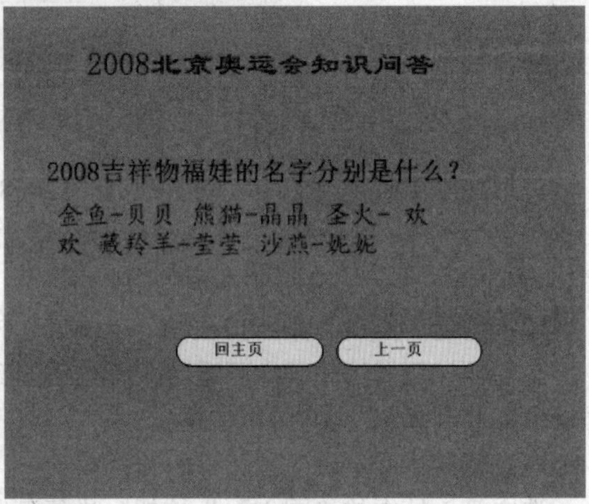

图 9-12　第 4 帧的内容

20．分别在第 1、2、3、4 帧的“动作”面板中输入相同的代码

```
Stop();
```

21．按快捷键 Ctrl+Alt+Enter 测试场景（或按快捷键 Ctrl+Enter 测试影片）

效果如图 9-13 所示。

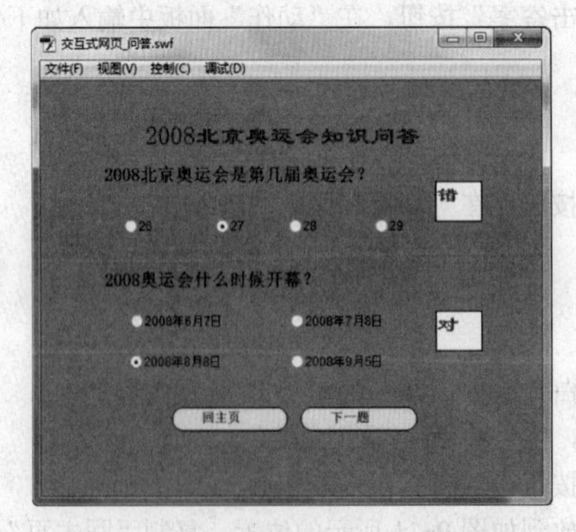

图 9-13　交互式网页任务一完成效果

提个醒

测试时单击“回主页”按钮跳转失败，因为场景“主页”在任务三中完成。

三、举一反三

制作单项选择题。从给出的三首歌中选择由张艾嘉演唱的歌曲，运用单选按钮组实现，如图 9-14 所示（参考“举一反三”文件夹中的“单项选择题.fla”文件）。

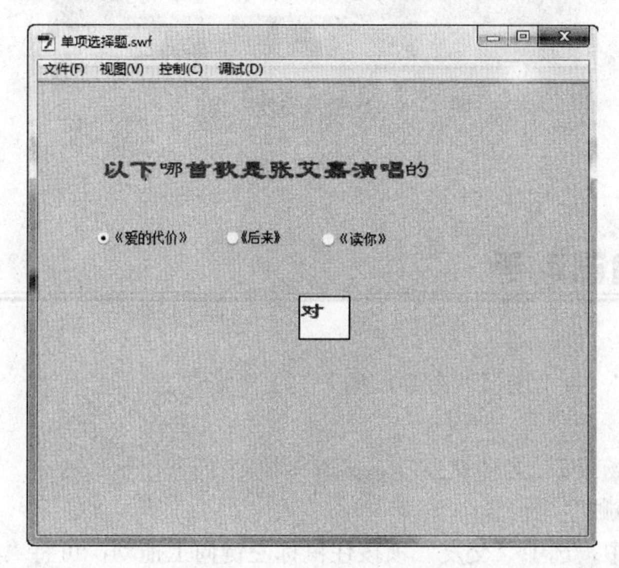

图 9-14　单项选择题效果

任务二　交友登记

一、任务描述

本任务是制作具有较复杂交互效果的动画，有多种形式输入信息，或用键盘输入，或在下拉列表中选择，或做单项选择，还可对所输入的信息给出回馈确认的机会，若输入有误，可重新输入，从而提高登记信息的灵活性。主要运用单选按钮（RadioButton）、复选框（CheckBox）、下拉列表框（ComboBox）、输入文本框和输出文本框等，配合相应的 Action 代码，完成个人信息登记及信息确认，如图 9-15 所示。

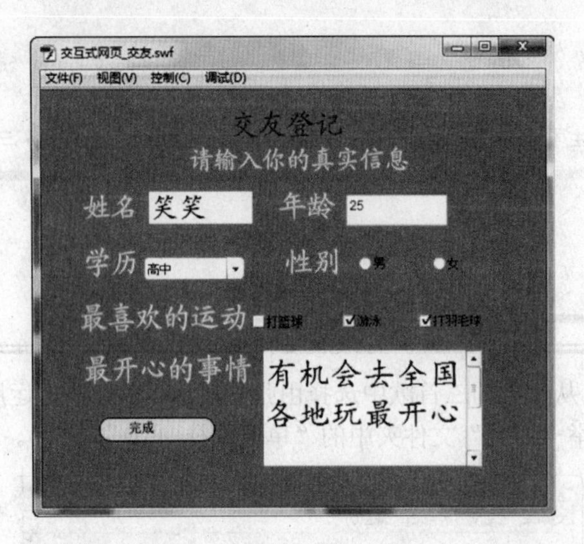

图 9-15　场景“交友”登记页

二、自己动手

1．添加场景

执行菜单“插入”→“场景”命令，插入第 2 个场景。

2．重命名场景

按面板重命名“场景 2”为“交友”。

3．调整场景先后顺序

在“场景”面板中，选中“交友”项按住鼠标左键向上拖动，可将“交友”图层调至“问答”图层上方。

提个醒

在多个场景的影片文档中，当按快捷键 Ctrl+Enter 测试影片时，在“场景”面板中最前面的场景效果最先出现。

4．选择场景

单击时间轴上的“编辑场景”按钮，可选择要编辑的场景“交友”。

5．输入静态文本

使用文本工具 T 在场景中输入“交友登记”，文字颜色为红色，“请输入你的真实信息”、“姓名”、“性别”等文字，文字颜色为黄色，如图 9-16 所示。

6．添加输入文本框

（1）分别在“姓名”和“年龄”后面绘制两个适当大小的无边框白色矩形，然后使用文本工具 T，在“姓名”右侧绘制一个文本框，其大小和矩形相同，在“属性”选项卡中将其设为

“输入文本”，并命名为“name”，“消除锯齿”下拉列表中选择“使用设备字体”。如图 9-17 所示。

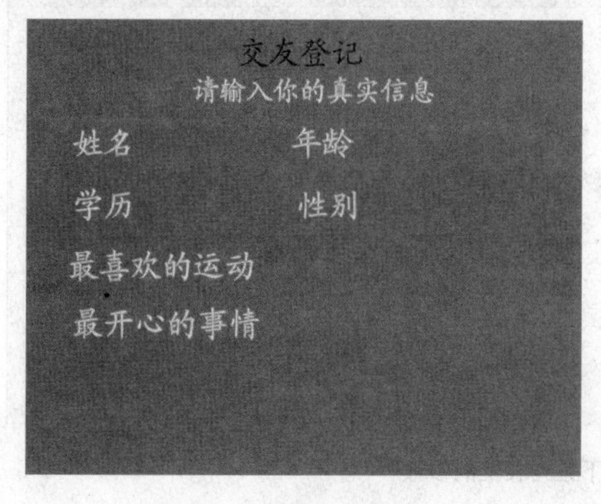

图 9-16　输入静态文本界面

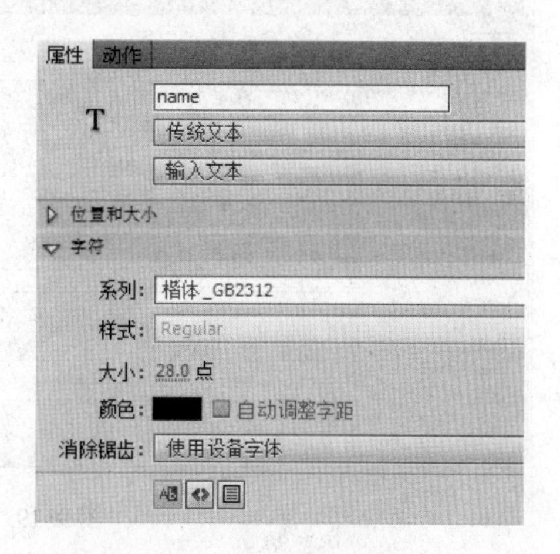

图 9-17　设置文本框属性 1

（2）将“姓名”后面的输入文本框复制到“年龄”后面，然后在“属性”选项卡中重新命名为“age”。

7．创建下拉列表框（ComboBox）

执行“窗口”→“组件”命令，打开“组件”面板，在“User Interface”组件类型选择“ComboBox”（下拉列表框）组件，按住鼠标左键不放将其拖动到“学历”文字后面，如图 9-18 所示。

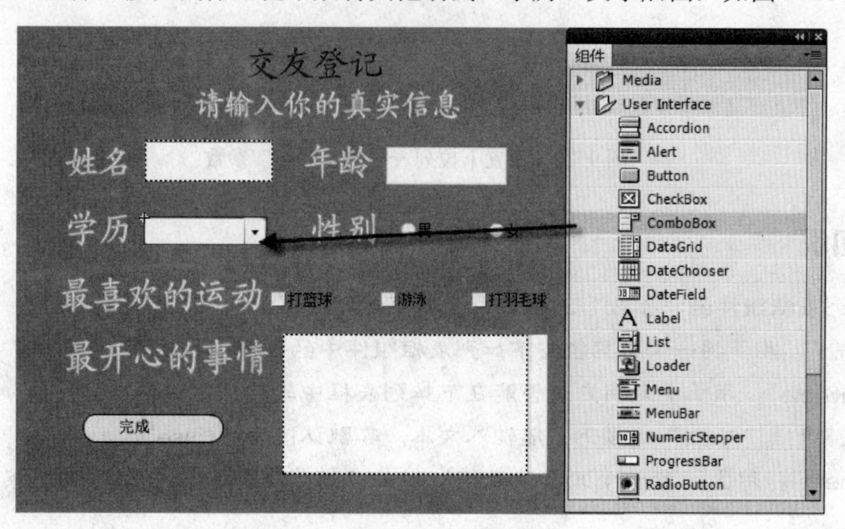

图 9-18　创建下拉列表框

8．设置下拉列表框参数

选中“学历”文字后的下拉列表框，在“参数”选项卡的“组件”对话框中将其命名为“xueli”，单击“labels”项后面的按钮，打开“值”对话框，单击其中的按钮增加 6 个值后，单击“确定”按钮，如图 9-19 和图 9-20 所示，在“data”项中输入同样的值，其余参数保持默认设置。

图 9-19　设置下拉列表框的参数

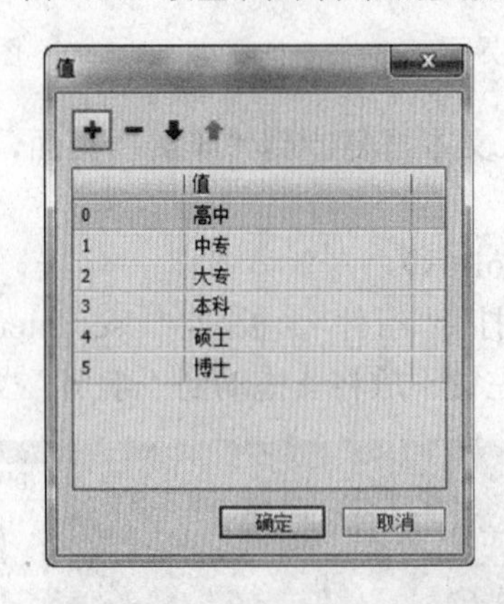

图 9-20　设置下拉列表框的“label”参数

小知识

下拉列表框组件的“参数”选项卡中，各项参数的含义如下：

“data”：用于将一个数据值与下拉列表框组件中的每个项目相联。

“editable”：用于决定用户是否能在下拉列表框中输入文本。选择“true”选项可以输入文本，选择“false”选项则不能输入文本。其默认值为“false”。

“labels”：用于设置一个文本值数组，以此来决定下拉列表框组件下拉菜单的显示内容。

“rowCount”：用于确定在不使用滚动条时最多能显示多少项目数，其默认值为 5。

9．创建单选按钮组

（1）在“组件”面板中选中“RadioButton”组件，将其拖动两次到“性别”文字后面。选择“性别”后面的第一个单选按钮，在“参数”选项卡中将其“groupName”参数设为“男”，

“groupName”（组名）参数设为“xingbie”。

（2）用同样的方法设置“性别”后面的第二个单选按钮，将其“label”参数设为“女”，其他与上同。

10．创建复选框按钮组

（1）在“组件”面板的“User Interface”组件类型中选中“CheckBox”（复选框）组件，按住鼠标左键不放将其拖动到“最喜欢的运动”文字后面，复制两个并排放在后面。选中第一个复选框组件，在下面的“参数”选项卡将“label”设置为“打篮球”，组件实例名称设为“yd1”，其他两项参数保持默认设置，如图 9-21 所示。

（2）用同样方法对另外两个复选框组件的参数进行设置，“label”项分别设置为“游泳”、“打羽毛球”，组件实例名称分别为“yd2”和“yd3”，如图 9-22 所示。

图 9-21　设置复选框参数

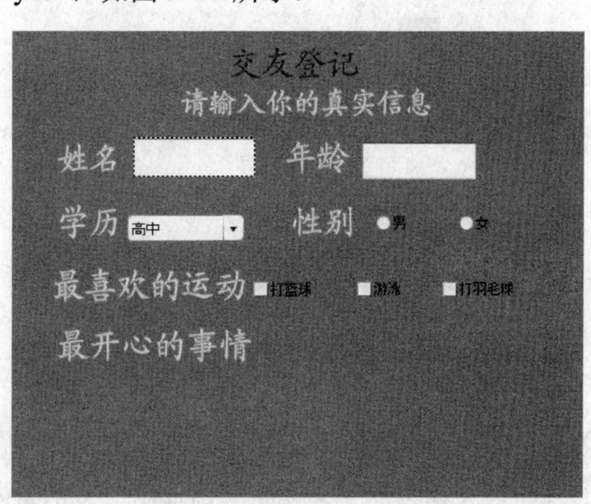

图 9-22　创建完复选框的效果

小知识

复选框（CheckBox）的“参数”选项卡中，各项参数的含义分别如下：

“label”：用于确定复选框右边的显示内容，默认值是“CheckBox”。

“labelplacement”：用于确定复选框上标签文本的位置，其默认值为“right”。

“selected”：用于确定复选框的初始状态是被选中状态“true”还是取消选中状态“false”。

11．创建多行输入文本框

在“最开心的事情”右边绘制一个适当大小的无边框白色矩形，再使用文本工具 T 拖出一个文本框，其大小和矩形相同，在“属性”选项卡中命名为“kaixin”，将其设为“输入文本”，“消除锯齿”下拉列表中选择“使用设备字体”，并选择“多行”项，如图 9-23 所示。

12．创建滚动条组件

单击贴紧至对象按钮，在“组件”面板的“User Interface”组件类型中选中“Scrollbar”（滚动条）组件，将其拖动到“最喜欢的运动”文字后面的文本框，自动粘附到文本上，Scrollbar

的“参数”选项卡中的“_targetInstance”会自动切换为文本框在场景中的实体名称，此处为“kaixin”，“horizontal”为未选中状态，“enabled”为选中状态，“visible”为选中状态。其参数状态如图 9-24 所示。

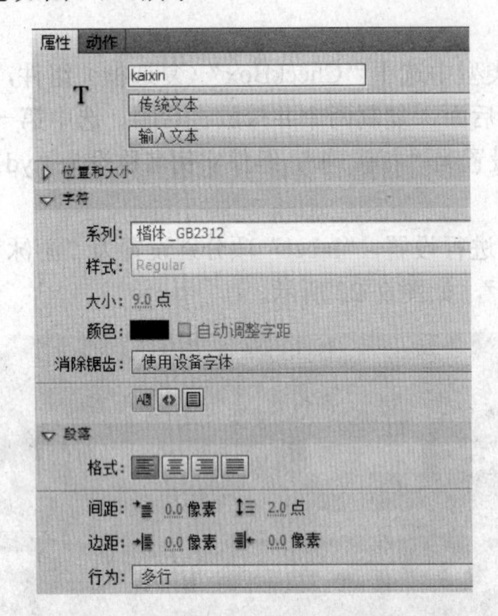

图 9-23　设置输入文本框属性

图 9-24　滚动条组件参数设置

小知识

滚动条组件的“参数”选项卡中，各项参数的含义分别如下：

“_targetInstanceName”：文本对象在场景中的实体名称。

“horizontal”（水平）：判断滚动条的状态是水平还是垂直。创建“False”：滚动条为垂直状态；“True”：滚动条为水平状态。。

13．创建“完成”按钮

进入“按钮”元件编辑区，在第 1 帧（弹起状态）中，使用矩形工具绘制一个圆角矩形，笔触为黑色，填充色为黄色，使用文本工具 T 输入白色文本“完成”。在第 2 帧（指针经过状态）中，按快捷键 F6 添加关键帧，填充色为蓝色。在第 3 帧（按下状态）中，按快捷键 F6 添加关键帧，填充色为红色。

14．返回到“交友”场景

打开“库”面板中将“完成”按钮元件拖入场景，适当调整大小，如图 9-25 所示。

15．创建动态文本框

新建“图层 2”，在第 2 帧处插入空白关键帧，输入“所填信息如下”文字，在文字下面添加一个动态文本框，在“属性”选项卡中，选多行，变量名为“result”，“消除锯齿”下拉列表中选择“使用设备字体”，如图 9-26 所示。

16．创建、复制按钮

创建“重填”按钮，方法同“完成”按钮，复制“问答”场景中的“回主页”按钮。

17. 将“回主页”按钮和“重填”按钮，放在文本框下方，如图 9-27 所示。

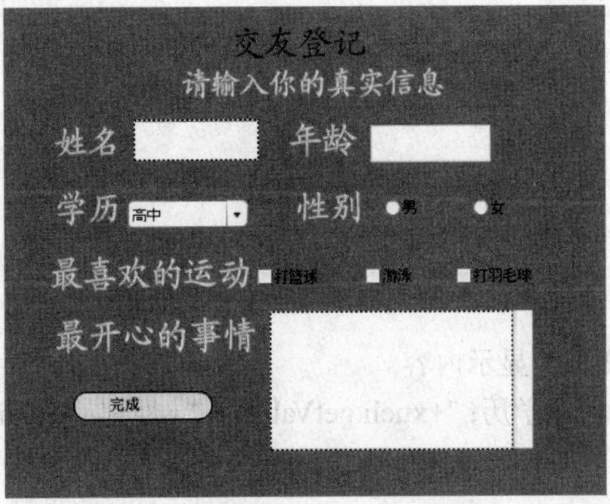

图 9-25 “交友”第 1 帧内容效果

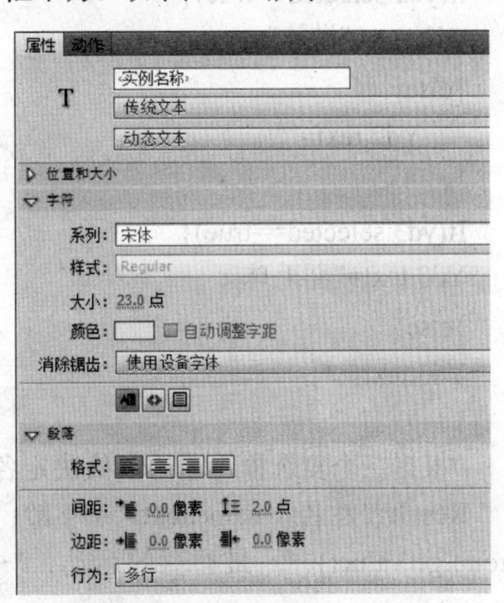

图 9-26　设置文本框属性 2

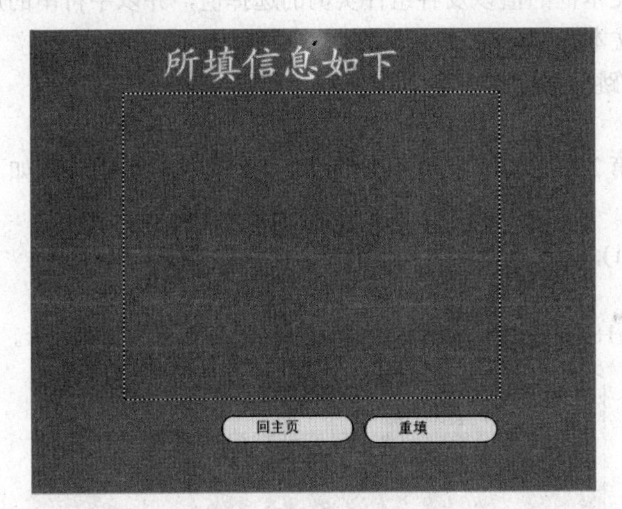

图 9-27　第 2 帧中内容

18. 给帧添加代码

选中“图层 2”的第 1 帧、第 2 帧添加相同的代码：

```
Stop(); //停止播放
```

19. 选中“图层 1”中第 1 帧的“完成”按钮，在“动作”面板中为其添加代码。

```
On(press){
If(yd1.selected==true){
yd1.text="打篮球";
}else{
yd1.text="";
}//如果选中该复选框，它的变量值为“打篮球”，否则为空
```

```
if(yd2.selected==true){
yd2.text="游泳";
}else{
    Yd2.text="";
}
If(yd3.selected==true){
Yd3.text="羽毛球";
}else{
Yd3.text="";
}
//根据三个复选框组建的取值决定各自 text 变量的显示内容
Result="姓名:"+name.text+"\r 年龄："+age.text+"\r 学历："+xueli.getValue()+"\r 性别："+radioGroup.getValue()+"\r 最喜欢的运动："+yd1.text +""+yd2.text+""+yd3.text+"\r 最开心的事情："+kaixin.text;
/*提取各个输入文本框的值以及各组件实例的选择值，并以字符串的形式显示在第 2 帧的变量名 result 的动态文本框中，"\r"起换行作用。*/
gotoAndStop(2);//跳转并停止在第 2 帧
}
```

选中“图层 2”第 2 帧中的“重填”按钮，在“动作”面板中输入如下代码：

```
On(press){
    gotoAndStop(1);
}
```

20．按快捷键 Ctrl+Alt+Enter 测试影片或场景，效果如图 9-28 所示。

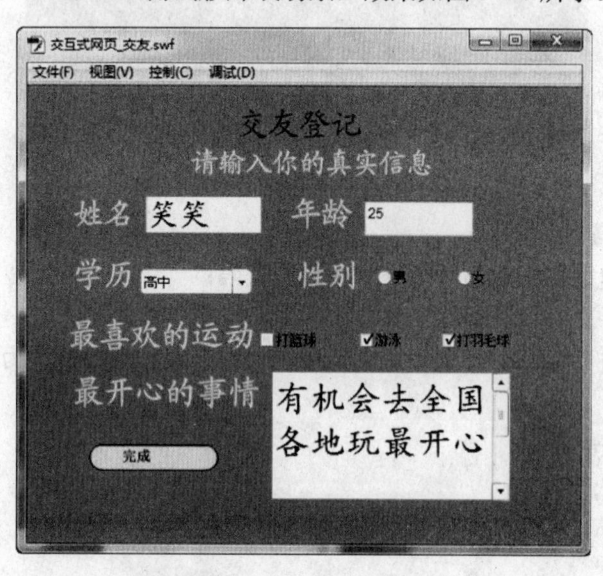

图 9-28 “交友”场景效果

三、举一反三

1．制作文字的输入与输出相同的交互动画。参考“举一反三”文件夹的“文字的输入与输出.fla”文件。在输入框中输入某内容，单击“提交”按钮，从输出框中输出输入框中的内容，单击“清除”按钮，清除全部输入/输出框中的内容，效果如图 9-29 所示。

2．本交互动画效果为：在下拉列表框中选“最喜欢的人”，单击“OK”按钮反馈所选信息。重点练习下拉列表框的使用，参考“举一反三”文件夹中的“最喜欢的人.fla”文件。

3．本交互动画效果为：在带滚动的文本框里写悄悄话并发送。主要练习滚动条会自动粘附到输入文本框，参考“举一反三”文件夹中的“悄悄话.fla”文件。

图 9-29　输入框与输出框的效果图

任务三　个　人　主　页

一、任务描述

本任务在任务二的基础上建立第 3 个场景，此场景的页面有动态的文字横幅及分割线，使页面动而不乱，视频区域让人驻足观看。主要通过按钮的功能来实现多个场景间的跳转。效果如图 9-30 所示。

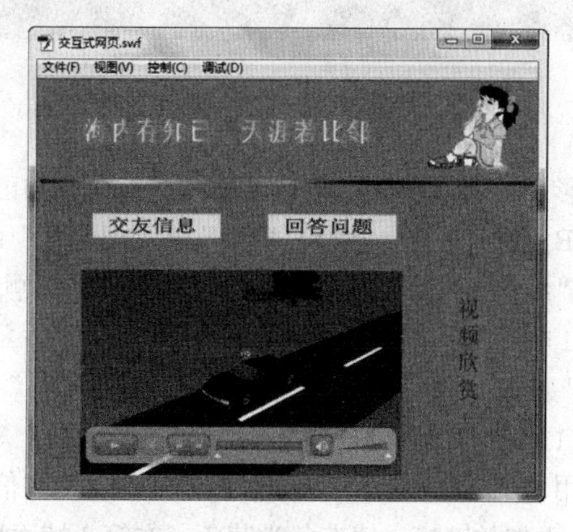

图 9-30　场景“主页”效果

二、自己动手

1. 添加场景

执行“窗口”→“其他面板”→“场景”命令，打开“场景”面板，添加“场景 3”，将其重命名为“主页”，并移动到最前面，如图 9-31 所示。

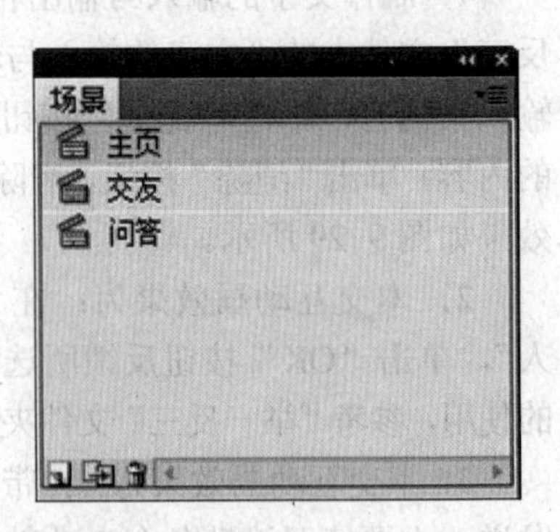

图 9-31　交互式网页“场景”面板

2. 创建元件

（1）创建“分割线”影片剪辑。按快捷键 Ctrl+F8，建立“分割线”影片剪辑。在影片剪辑第 1 帧用“直线工具”绘制一条线，线宽为 4，笔触填充类型为线性，颜色从左向右为红、黄、绿、浅蓝、深蓝、粉。

在第 60 帧处插入关键帧，运用等比缩放按钮将其拉长，选中第 1 帧，在“补间”下拉列表框中选择“形状”。选中第 60 帧，在“动作”面板中增加“stop();”代码，如图 9-32 所示。

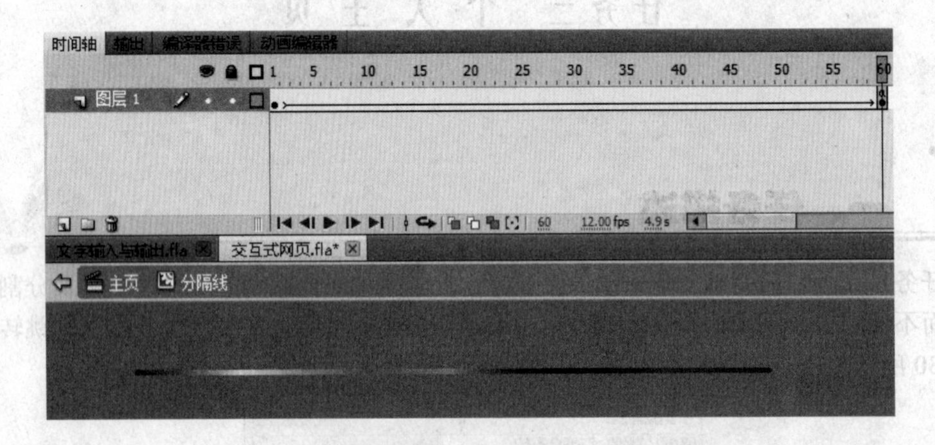

图 9-32　分割线

（2）创建“横幅字”影片剪辑。在第 1 帧输入文字“海内存知己　天涯若比邻”，选中 10 个字，两次按快捷键 Ctrl+B，将其分离。执行“窗口”→“混合器”命令，在打开的“混色器”选项卡中设置填充类型为“线性”，颜色为从黄色至红色，在第 10 帧插入关键帧，将字的填充色改为白色至粉色，在第 1 帧设形状渐变动画。

（3）制作“交友信息”按钮。执行菜单“插入”→“新建元件”命令（快捷键 Ctrl+F8），进入按钮编辑状态，在第 1 帧（弹起状态）中，使用“矩形工具”绘制圆角矩形，笔触为黑色，填充色为黄色，使用“文本工具”T，输入白色文本“交友信息”。在第 2 帧（指针经过状态）中，按快捷键 F6 添加关键帧，填充色为蓝色。在第 3 帧添加关键帧，填充色为红色。

（4）用同样的方法制作“回答问题”按钮。

3．设置场景

（1）回到场景“主页”，选中第 1 帧，执行“文件” →“导入” →“导入到舞台”命令，将 gifl.gif 导入到场景中，放到如图 9-30 所示位置。

（2）从“库”面板中将“分割线”、“横幅字”影片剪辑拖到场景中，其位置如图 9-30 所示。

（3）选中按钮“交友信息”，在“动作”面板，添加如下代码：

```
On(release){
gotoAndPlay(“交友”,1);//跳转并播放“交友”场景的第 1 帧
```

（4）选中按钮“回答问题”，在“动作”面板，添加如下代码：

```
On(release){
GotoAndPlay(“问答”,1);//跳转并播放“问答”场景的第 1 帧
}
```

（5）新建“图层 2”，选中“图层 2”的第 1 帧，使用“文本工具” T 输入文本“视频欣赏”。

4．导入视频

（1）执行“文件” →“导入” →“导入视频”命令，出现如图 9-33 所示的对话框，单击“浏览”按钮选择视频文件。

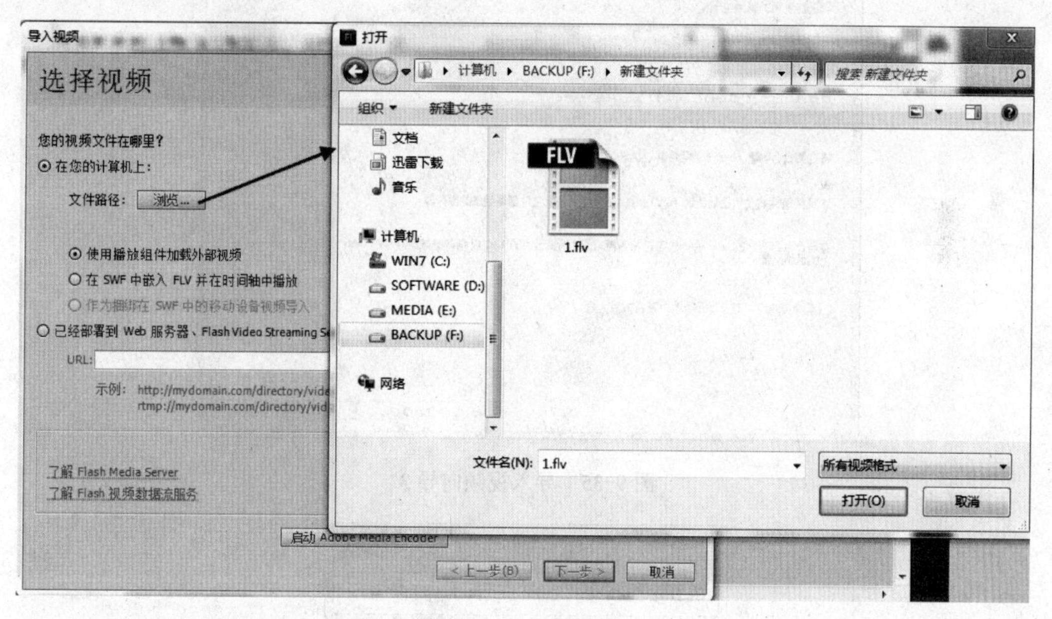

图 9-33　导入视频向导 1

（2）单击“下一步”按钮，出现如图 9-34 所示的对话框，在这里可以选择视频的外观。

（3）单击“下一步”按钮，出现如图 9-35 所示的对话框，这是导入视频的最后一个向导。

（4）单击“完成”按钮，出现如图 9-36 所示的 Flash“获取元数据”对话框。

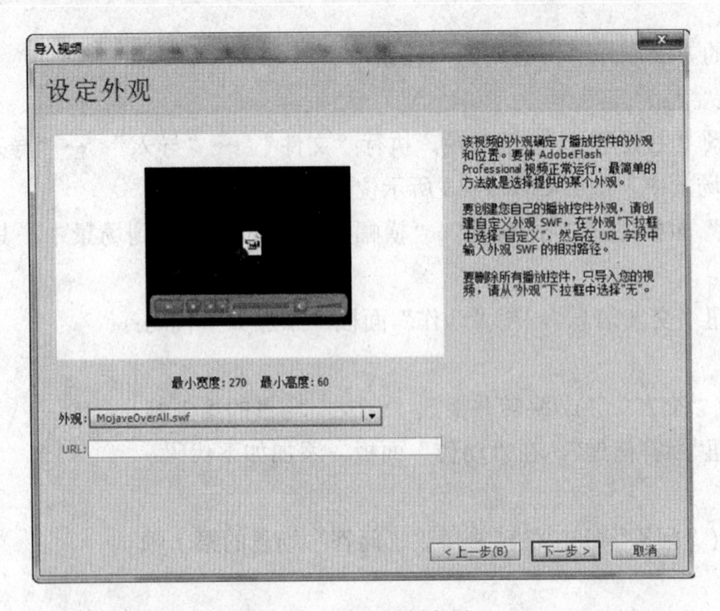

图 9-34　导入视频向导 2

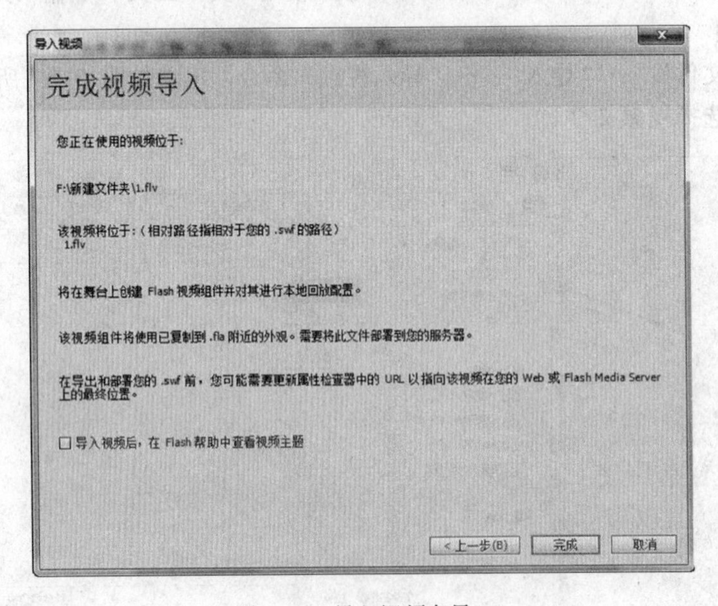

图 9-35　导入视频向导 3

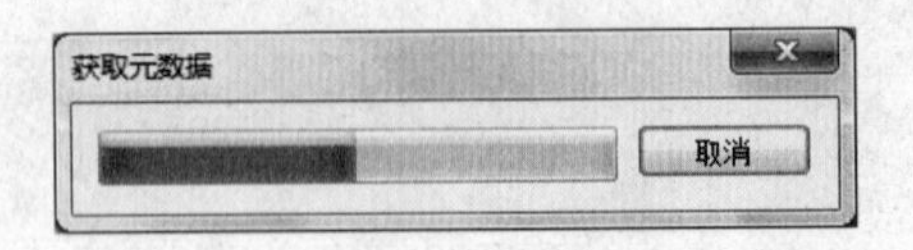

图 9-36　Flash 获取元数据进度对话框

（5）进度完成后，场景中出现如图 9-37 所示的视频播放器，“库”面板如图 9-38 所示，与此同时会有一个 FLV 文件出现在源文件所在的位置（此文件名与视频文件名相同，扩展名为 FLV）。

图 9-37　视频播放器

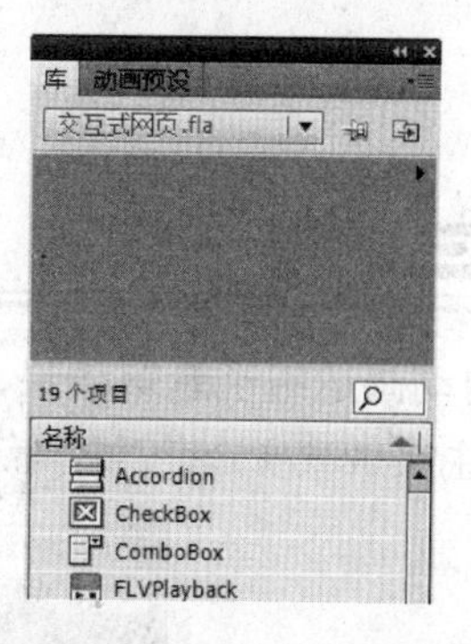

图 9-38　交互式网页“库”面板

小知识

FLV 格式是一种新的视频格式，全称为 Flash Video。Flash 对其提供了完美的支持，它的出现有效地解决了视频文件导入 Flash 后使导出的 SWF 文件体积庞大，不能在网络上很好地使用等缺点。

5．在“主页”场景“图层 1”第 1 帧的“动作”面板中添加代码

Stop();

6．按快捷键 Ctrl+Enter 测试影片

效果如图 9-39 所示。

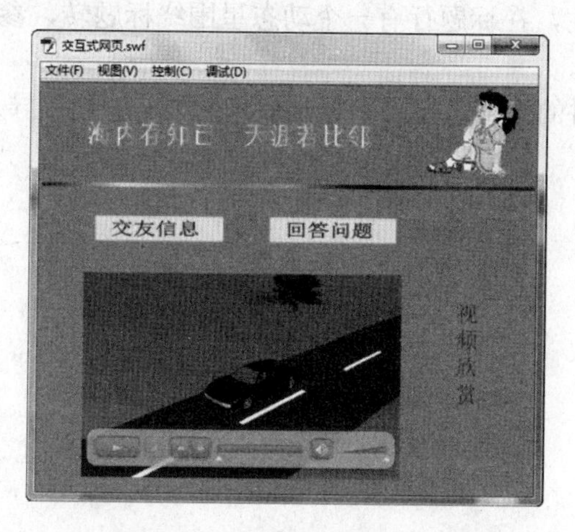

图 9-39　交互式网页测试效果

提个醒

在文件中导入了视频文件后，必须把.flv 文件与该.fla 或.swf 文件放在同一目录内，才能正常播放视频。

三、举一反三

1．标题动画运用了遮罩效果，网页主要内容用动态变化图形围起，参考“举一反三”文件夹中的“主页版式 1.fla”文件，效果如图 9-40 所示。

图 9-40　主页版式效果图

2．整个页面以静为主，在标题行有一个动态星围绕标题转，参考“举一反三”文件夹中的“主页版式 2.fla”文件。

3．参考前面例子所讲的内容，自己下载一个其他类型的视频导入到影片文档中。

郑重声明

短信防伪说明

本图书采用出版物短信防伪系统，用户购书后刮开封底防伪密码涂层，将16位防伪密码发送短信至106695881280，免费查询所购图书真伪，同时您将有机会参加鼓励使用正版图书的抽奖活动，赢取各类奖项，详情请查询中国扫黄打非网（http://www.shdf.gov.cn）。

反盗版短信举报

编辑短信"JB，图书名称，出版社，购买地点"发送至10669588128

短信防伪客服电话

（010）58582300

学习卡账号使用说明

本书所附防伪标兼有学习卡功能，登录"http://sve.hep.com.cn"或"http://sv.hep.com.cn"进入高等教育出版社中职网站，可了解中职教学动态、教材信息等；按如下方法注册后，可进行网上学习及教学资源下载：

（1）在中职网站首页选择相关专业课程教学资源网，点击后进入。

（2）在专业课程教学资源网页面上"我的学习中心"中，使用个人邮箱注册账号，并完成注册验证。

（3）注册成功后，邮箱地址即为登录账号。

学生：登录后点击"学生充值"，用本书封底上的防伪明码和密码进行充值，可在一定时间内获得相应课程学习权限与积分。学生可上网学习、下载资源和提问等。

中职教师：通过收集5个防伪明码和密码，登录后点击"申请教师"→"升级成为中职计算机课程教师"，填写相关信息，升级成为教师会员，可在一定时间内获得授课教案、教学演示文稿、教学素材等相关教学资源。

使用本学习卡账号如有任何问题，请发邮件至："4a_admin_zz@pub.hep.cn"。